GEOGRAFIA E OS RISCOS SOCIOAMBIENTAIS

Leia também:

A questão ambiental
Avaliação e perícia ambiental
Coletânea de textos geográficos
Degradação dos solos no Brasil
Geomorfologia ambiental
Geomorfologia do Brasil
Geomorfologia e meio ambiente
Geomorfologia: Exercícios, técnicas e aplicações
Geomorfologia: Uma atualização de bases
Gestão ambiental de áreas degradadas
Impactos ambientais urbanos no Brasil
Novo dicionário geológico-geomorfológico
Reflexões sobre a geografia física no Brasil
Unidades de conservação

Organizadores:
Cristiane Cardoso
Michele Souza da Silva
Antônio José Teixeira Guerra

GEOGRAFIA E OS RISCOS SOCIOAMBIENTAIS

1ª edição

RIO DE JANEIRO | 2020

EDITORA-EXECUTIVA
Renata Pettengill

SUBGERENTE EDITORIAL
Marcelo Vieira

ASSISTENTE EDITORIAL
Samuel Lima

REVISÃO
Wilson Silva

DIAGRAMAÇÃO
Abreu's System

CIP—BRASIL. CATALOGAÇÃO NA PUBLICAÇÃO
SINDICATO NACIONAL DOS EDITORES DE LIVROS, RJ

G298

Geografia e os riscos socioambientais / Aline Muniz Rodrigues cantora ... [et al.] ; organização de Cristiane Cardoso, Michele Souza da Silva, Antônio José Teixeira Guerra. — 1. ed. — Rio de Janeiro: Bertrand Brasil, 2020.
23 cm.

Inclui bibliografia
Encarte colorido
ISBN 978-85-286-2453-3

1. Geografia física. 2. Mudanças climáticas. 3. Aquecimento global. I. Rodrigues, Aline Muniz. II. Cardoso, Cristiane. III. Silva, Michele Souza da. IV. Guerra, Antônio José Teixeira.

19-61626

CDD: 910.02
CDU: 911.2

Leandra Felix da Cruz — Bibliotecária — CRB-7/6135

Copyright © 2020, Cristiane Cardoso, Michele Souza da Silva, Antônio José Teixeira Guerra

Texto revisado segundo o novo Acordo Ortográfico da Língua Portuguesa.

Todos os direitos reservados. Proibida a reprodução, no todo ou em parte, sob quaisquer meios. Os direitos morais da autora foram assegurados.

Direitos exclusivos de publicação em língua portuguesa somente para o Brasil pertencentes à EDITORA BERTRAND BRASIL LTDA, a qual se reserva a propriedade literária desta obra.
Rua Argentina, 171 — 3º andar — São Cristóvão
20921-380 — Rio de Janeiro — RJ
Tel.: (21) 2585-2000 — Fax: (21) 2585-2084

Impresso no Brasil

ISBN: 978-85-286-2453-3

Seja um leitor preferencial. Cadastre-se no site **www.record.com.br** e receba informações a respeito de nossos lançamentos e nossas promoções.

Atendimento e venda direta ao leitor:
sac@record.com.br

Dedicamos esta obra a todos os professores e profissionais da área de Geografia e afins que se dedicam bravamente ao auxílio da população que vive sob a ameaça dos riscos socioambientais. Neste trabalho temos certeza de que poderemos colaborar em muito para se chegar a um consenso a respeito do bom engrandecimento desta publicação.

Sumário

PREFÁCIO. Uma paisagem em transformação: a compreensão da
relação entre sociedade e natureza através do despertar
da curiosidade 9
Edson Soares Fialho

1. APRESENTAÇÃO. Geografia e os riscos socioambientais 13
*Cristiane Cardoso, Antônio José Teixeira Guerra e Michele Souza
da Silva*

2. A bacia hidrográfica: compreendendo o rio para entender
a dinâmica das enchentes e inundações 25
Maria do Carmo Oliveira Jorge e Antônio José Teixeira Guerra

3. A climatologia do risco: o processo formativo do professor
e a transposição didática a partir da realidade vivida 45
Cristiane Cardoso e Michele Souza da Silva

4. As inundações e o papel formativo da Defesa Civil
do Município de Nova Iguaçu (RJ) 65
*Mariana Oliveira da Costa, Vilson Santos do Nascimento Júnior
e Camila de Assis Magalhães Frez*

5. As potencialidades e dificuldades da abordagem de conteúdos
geomorfológicos no Ensino Básico 79
Ana Camila da Silva e Luana de Almeida Rangel

6. O currículo dos cursos de licenciatura em Geografia
e a inserção da temática do risco socioambiental   97
Junimar José Américo de Oliveira e Cristiane Cardoso

7. A importância de serem compreendidos os solos, seus usos
e sua conservação na prevenção dos riscos socioambientais   117
Leonardo dos Santos Pereira e Aline Muniz Rodrigues

8. As Unidades de Conservação e os riscos: o papel da Educação
Ambiental para a comunidade do entorno   133
Edileuza Dias de Queiroz e Lucas da Silva Quintanilha

9. As desigualdades socioambientais e a qualidade de vida:
quem são os vulneráveis ambientais?   153
Michele Souza da Silva, Samuel Vítor Oliveira dos Santos
e Jorge da Paixão Marques Filho

10. O geoprocessamento na delimitação e na prevenção de áreas
de risco e movimentos de massa   173
Vivian Castilho da Costa e Marta Foeppel Ribeiro

Sobre os autores   203

PREFÁCIO

Uma paisagem em transformação: a compreensão da relação entre sociedade e natureza através do despertar da curiosidade

A curiosidade

Estimula e inquieta a mente. Mas, como a semente, ao encontrar um terreno pedregoso, perece. Ou uma seara fértil e germina, expandindo suas trocas de saberes marginalizados ou invisibilizados, em uma sociedade de/em risco, onde o perigo vulnerabiliza e naturaliza o caos da vida humana. A curiosidade, parte desse enredo, compõe o real contexto dos riscos da teia da vida.

Nesse momento, espero que você, leitor, tenha encontrado este livro numa banca de algum evento técnico-científico ou que o esteja folheando em uma biblioteca ou qualquer outro lugar. E que tenha sido movido pela curiosidade despertada pelo tema abordado, pois estamos diante de uma obra que nos propõe (re)pensar o ensino, a paisagem e o risco como resultado da interação entre a sociedade e a natureza através da Geografia.

O convite para prefaciar *Geografia e os riscos socioambientais* muito me honra, pois se trata de conhecer a obra em primeira mão, tarefa essa que me causa alegria em lograr participar desse momento de socialização da obra, que é a concretização de um árduo trabalho de entregar-se ao mundo, ou seja, revelar-se às pessoas. Por isso, agradeço aos organizadores que conheci em diferentes momentos ao longo da minha caminhada geográfica.

O tema central tratado pela obra é um conceito norteador das discussões e debates sobre a relação entre sociedade e natureza. Os autores versam de maneira instigante e corajosa sobre o problema das responsabilidades de todos com o ambiente em que vivemos, bem como colocam em questão o papel da "Nova" Geografia Física, que se preocupa com o espaço socialmente construído e reconhece que os lugares constituem síntese de combinações indissociáveis entre natureza e sociedade, o que gera uma ampliação dos horizontes epistemológicos da disciplina, afastando-a de reducionismos e métodos positivistas, que não consideram o conhecimento geográfico local. Preocupam-se, também, com a formação de docentes que sejam capazes de fazer chegar aos estudantes a compreensão da dinâmica de produção do espaço, possibilitando ações que instiguem a construção de autonomia para que a Educação seja, também, uma forma de intervir no mundo.[1]

Nessa perspectiva, entender a Educação passa por compreender a dimensão da vida, das relações que o ser humano estabelece com os outros. Mas, para "quem ensina, carece pesquisar; quem pesquisa, carece ensinar".[2] Essa frase explicita uma preocupação atual do campo pedagógico que é a renovação do ensino em suas dimensões epistemológicas e prática. Tais atenções ao ensino reincidem sobre a docência na educação básica e, também, no ensino superior, pois a esse se impõe o desafio de formar através da pesquisa, desenvolvendo habilidades e conhecimentos que permitam aos indivíduos agirem na sociedade.

O paradigma do professor-pesquisador reclama o debate acerca das exigências, habilidades e disposições do docente universitário em face da sua prática e dos seus conhecimentos a respeito do que devem ser o ensino e a aprendizagem em uma sociedade em que o risco, muitas vezes, é construído por meio da exclusão social.

---

[1] FREIRE, A. M. A. *Paulo Freire: uma História de vida*. São Paulo: Editora Villa das Letras, 2006.

[2] DEMO, P. *A educação do futuro e o futuro da educação*. Campinas: Autores Associados, 2005.

Nesse sentido, a Geografia é uma das áreas do conhecimento humano que se ocupa de processos geobiofísicos da paisagem e propõe a necessidade de se investigar epistemologicamente o que sustenta as ações e decisões do professor sobre conteúdos, metodologias, formas de ensinar, pesquisar e avaliar; enfim, aquilo que configura a ação pedagógica das situações de ensino. Com esse debate, por exemplo, o professor que leciona em escolas na periferia ou localizadas em área de risco será capaz de envolver no ensino experiências com pesquisa.

Por último, este livro, fruto da dedicação à pesquisa e à docência, é uma excelente oportunidade de leitura, pela sua qualidade e clareza, não apenas aos licenciados em Geografia, mas aos bacharéis (geógrafos) e a todos os interessados que queiram compreender os agravos à natureza, originados de um modelo de civilização predatório e excludente.

Edson Soares Fialho
Teixeiras-MG, 23 julho de 2019

1
APRESENTAÇÃO
Geografia e os riscos socioambientais

Cristiane Cardoso
Professora da Universidade Federal Rural do Rio de Janeiro
cristianecardoso1977@yahoo.com.br

Antônio José Teixeira Guerra
Professor Titular do Departamento de Geografia, UFRJ
antoniotguerra@gmail.com

Michele Souza da Silva
Doutoranda da Universidade do Estado do Rio de Janeiro
michleal@hotmail.com

Introdução

A Geografia é uma ciência fundamental para compreendermos a nossa realidade. Sua abordagem por si traz a possibilidade de olhar para a sociedade e para a natureza de forma integrada e interconectada. As ações da sociedade sobre o meio trazem consequências tanto em escalas locais quanto globais.

As mudanças climáticas em curso têm produzido mais eventos considerados extremos, como chuvas concentradas, secas prolongadas e ondas de calor e frio, ocasionando, cada vez mais, consequências graves para a população, como alagamentos, enchentes, inundações, deslizamentos, perdas agrícolas, falta de água para abastecimento, entre outras. Quando ocorrem, produzem perdas materiais e humanas significativas que não são sentidas da mesma forma por toda a população, muitas vezes sendo denominados desastres naturais.

Existe uma população que está mais vulnerável ao risco socioambiental e sua capacidade de resiliência é menor: a desprovida de capital. Essa população geralmente é mais afetada por um evento. Sua exposição ao risco socioambiental é maior e menor ainda é sua capacidade de se recuperar e restabelecer diante de um evento.

O conceito de risco está associado ao socioambiental, ampliando a sua dimensão para as implicações no ambiente e na organização espacial das sociedades ao mesmo tempo em que a vulnerabilidade está interligada aos riscos.

Os riscos geram inseguranças que afetam principalmente os mais vulneráveis — os que são atingidos por eventos, fenômenos naturais —, ocasionando incertezas e a necessidade de uma nova dinâmica e organização socioespacial. Hogan e Marandola Jr. (2006) destacam que a vulnerabilidade é dinâmica, podendo apresentar sazonalidades, uma vez que passa pela avaliação do perigo envolvido, do contexto geográfico e da produção social.

Mendonça (2004) ressalta que quando abordamos os pressupostos em relação à concepção dos impactos e riscos socioambientais observa-se maior complexidade dos problemas relacionados aos conceitos urbanos em função da complexidade da produção socioespacial. Ele estabelece uma discussão voltada para o contexto urbano, porém, não quer dizer que os riscos socioambientais e a vulnerabilidade não ocorram nos espaços rurais.

A estruturação do espaço urbano capitalista isola a população mais rica e condena a população mais pobre para as áreas menos favorecidas da cidade. Ascelrad (2015) demonstra o quanto as desigualdades estão estabelecidas no tecido social urbano, com as discriminações na distribuição locacional das práticas danosas — indústrias poluidoras, descarte do lixo e dos resíduos industriais, hospitalares e eletrônicos — quase sempre direcionadas para as localidades em regiões periféricas. Sabemos que nem todos vivem em ambientes saudáveis. A qualidade ambiental, dentro de um modelo capitalista, está restrita aos que podem pagar por ela, enquanto para os mais pobres só resta viver em condições insalubres, suscetíveis aos riscos que podem correr diante da ocorrência de eventos naturais e/ou provocados pela ação humana.

No Brasil, precisamos debater essas questões. A população não está preparada para agir diante de um evento de grandes dimensões. A educação para o risco não existe nos currículos escolares, muitas vezes nem é abordada na formação inicial dos professores (Oliveira, 2018).

Diante do aumento e da intensidade de eventos extremos, principalmente os relacionados aos fenômenos atmosféricos e climáticos, coloca-se mais do que necessária a ampliação do debate sobre os riscos e a vulnerabilidade socioambiental. Nesse sentido, Oliveira (2018, p. 24) destaca que "o ensino de Geografia, uma vez atento à educação para os riscos, pode oportunizar propostas de Educação Ambiental para a inclusão social que objetivem promover o encontro entre a Geografia do lugar e uma Educação Ambiental ativa que alerte para a realidade vivenciada pelos moradores [...]".

Dessa forma, a Geografia tem muito a contribuir na inserção da temática dos riscos socioambientais, analisando o espaço como um todo, desde os aspectos físico-naturais até a dinâmica socioespacial, a produção das desigualdades na organização do espaço, suas vulnerabilidades e alterações da realidade, garantindo, assim, a qualidade ambiental e de vida para todos os moradores.

*

A colonização e a ocupação do território brasileiro ocorreram inicialmente nas planícies litorâneas, e a maior parte das grandes cidades e capitais está localizada nessa área. Existe uma proximidade das serras com relevo bastante acidentado. Associado a isso, essas regiões apresentam um clima tropical litorâneo típico marcado pela sazonalidade: duas estações, uma bastante chuvosa, de outubro a abril, e outra seca, de maio a setembro. Em algumas dessas áreas, como é o caso do Sudeste brasileiro, ocorrem entradas de sistemas complexos, como as frentes frias, alterando as condições locais.

Outros aspectos devem ser levados em consideração na dinâmica climática, como a proximidade do mar (elevação da umidade do ar) e o relevo, responsável pelas chuvas orográficas (intensificação de precipitação em alguns locais).

A ocupação desse território de forma desordenada trouxe uma série de alterações ao meio, como desmatamentos, construções irregulares em encostas ou ao longo das margens dos rios, entre outros, que são condições perfeitas para desastres. Em toda temporada de chuvas vivenciamos os mesmos problemas, como alagamentos, enchentes e deslizamentos, que afetam a cidade, levando-a a um estado de caos.

Em cada circunstância provocada pelas chuvas percebemos nos pronunciamentos dos planejadores e nas matérias da mídia uma tentativa de encontrar os culpados pelas tragédias. Notícias como "chuvas concentradas provocam deslizamentos em uma determinada localidade"; "a culpa é da população que mora em lugares inadequados", "isso se deve às mudanças climáticas globais em curso"; "foi a pior chuva dos últimos 50 anos". Discursos que não abordam efetivamente as causas e formas de minimizar esses problemas e não trazem ao debate a real necessidade de preparar a população para conviver com os problemas típicos de nossa realidade, que vão continuar acontecendo, sem que realmente saibamos prever quando e onde.

Esses episódios que ocasionam grandes transtornos e catástrofes são antigos e recorrentes. Dereczynski *et al.* (2017) realizaram análises dos eventos extremos de precipitações no município do Rio de Janeiro no período compreendido entre 1881 e 1996. Em 63 anos foram encontrados 82 casos de grandes precipitações, mostrando a sua sazonalidade e participação na dinâmica atmosférica no contexto do nosso clima tropical úmido. Esses fenômenos geraram efeitos negativos sobre a cidade e perdas materiais e humanas.

O desastre que ocorreu na Região Serrana do Rio de Janeiro em 2011 é um exemplo clássico desses acontecimentos. Causou 947 mortes, sendo reconhecida a susceptibilidade da região para movimentos de massa associados a episódios de precipitação intensa. Dourado *et al.* (2012) analisaram os efeitos pós-evento e destacaram que as formas para reduzir o número de vítimas fatais podem estar nas ações de prevenção com mapeamentos das áreas de risco e a conscientização da população. Destacamos que para realizar essas ações são necessários investimentos governamentais na pesquisa e no ensino. E reiteramos a importância que o ensino possui para dialogar com a população sobre os riscos e as estratégias de prevenção.

Questões envolvem a sociedade: Como prever? Como minimizar os efeitos? Como preparar a população para esses fenômenos (que são da nossa realidade e se intensificarão por conta das mudanças climáticas em pauta)? Qual a capacidade de resiliência, de resistência, da população?

Assim, um dos objetivos deste livro é trazer uma abordagem da Geografia Física voltada para os riscos socioambientais; suas possibilidades e desafios para o ensino dessa temática para estudantes e para a sociedade como um todo.

No Brasil existe carência desse debate junto à sociedade. Acreditamos ser um desafio relacionar os riscos socioambientais, a Geografia Física e o ensino. Existem muitos trabalhos discutindo essas questões isoladamente; porém, muitas vezes esse material não chega de forma nítida e objetiva nem para a população que vive nessas áreas de risco nem para a escola, que acaba não conseguindo desempenhar esse papel.

A população, geralmente, não consegue se identificar como moradora de área de risco. A educação para o risco pode ser um caminho importante. O trabalho com as escolas e a abordagem desse tema com as crianças, os adolescentes e até mesmo os adultos pode trazer resultados positivos.

A Geografia Escolar pode ser um instrumento indispensável para organização e participação da comunidade na solução dos problemas locais a fim de fazer o cidadão, sujeito do processo, exercitar sua plena cidadania e buscar o entendimento da apropriação do espaço a partir do lugar vivido.

O presente livro surgiu da necessidade de termos uma obra que atenda principalmente aos Cursos de Licenciatura em Geografia, mas também aos de Bacharelado, uma vez que temos no mercado editorial muitos livros que enfocam temas voltados para a pesquisa, mas poucos que podem ser usados no cotidiano da sala de aula nos Cursos de Licenciatura. Sendo assim, nosso objetivo é que os professores que já estejam lecionando em cursos de nível fundamental e médio, bem como em cursos técnicos, possam fazer dessa publicação um instrumento para tornar a Geografia mais atraente e mais crítica aos problemas da sociedade, bem como fazer com que suas aulas possam ser mais interessantes e dinâmicas.

Dessa forma, nós, organizadores do livro *Geografia e os riscos socioambientais*, nos reunimos e pensamos na melhor forma de atingir esses objetivos, disponibilizando textos que salvem grande parte dos temas relacionados à chamada Geografia Física e atraiam a atenção de alunos e professores para juntos usufruirmos dessa ciência fascinante que é a Geografia.

Para tal, convidamos professores que atuam em diversos níveis de ensino — fundamental, médio e superior — e os profissionais que trabalham diretamente com a população em situações de risco, como a Defesa Civil de Nova Iguaçu (RJ). Contamos com o conhecimento e a experiência de cada um deles para publicarmos um livro que seja de grande utilidade no ensino da Geografia e que possa ser utilizado por pesquisadores e pessoas que se interessam por conhecimentos geográficos, em especial aqueles relacionados ao meio físico e que queiram se aprofundar na temática dos riscos socioambientais.

Passada essa Apresentação, o segundo capítulo, escrito por Maria do Carmo Oliveira Jorge e Antônio José Teixeira Guerra, aborda *A bacia hidrográfica: compreendendo o rio para entender a dinâmica das enchentes e inundações*, no sentido de que os leitores possam diferenciar características das inundações e das enchentes. Os autores chamam atenção para o fato de que a "abordagem ao conteúdo *bacia hidrográfica* [pode] romper as barreiras dos livros e apostilas e ir ao encontro da realidade do aluno, independentemente da escala de análise. É importante destacar também que a construção desse conhecimento geográfico deve estar centrada na responsabilidade ambiental e nos aspectos socioambientais".

No Capítulo 3, as autoras Cristiane Cardoso e Michele Souza da Silva abordam *A climatologia do risco: o processo formativo do professor e a transposição didática a partir da realidade vivida*. Trata-se de um tema de grande importância na formação do professor de Geografia, uma vez que, frequentemente, a climatologia é tratada de forma tradicional ou, então, nem é ensinada aos alunos de ensino fundamental e médio. Para tal, as autoras buscam "compreender os principais currículos dos cursos de Licenciatura em Geografia das universidades públicas do estado e analisam as práticas docentes por meio da inserção dessa temática no ambiente escolar, aplicada à realidade vivida de cada lugar".

No Capítulo 4, *As inundações e o papel formativo da Defesa Civil do Município de Nova Iguaçu (RJ)*, escrito por Mariana Oliveira da Costa, Vilson Santos do Nascimento Júnior e Camila de Assis Magalhães Frez, os autores destacam o papel da Defesa Civil em como a população lida com as inundações. Para tal, destacam que as inundações são "fenômenos que fazem parte da dinâmica das bacias hidrográficas e têm sua ocorrência explicada por fatores associados às características morfométricas da bacia, da geomorfologia, da pedologia e da climatologia, mas também podem ser induzidas pelo tipo de uso e ocupação do solo das planícies e das margens fluviais".

O Capítulo 5, escrito por Ana Camila da Silva e Luana de Almeida Rangel, aborda *As potencialidades e dificuldades da abordagem de conteúdos geomorfológicos no Ensino Básico*. As autoras chamam atenção para o fato de que, apesar de importante, a Geomorfologia ainda é muito pouco explorada em sala de aula e nos livros didáticos. Para tal, destacam que ao "identificar as potencialidades e vulnerabilidades de um compartimento do relevo passam a ser permitidas a ocupação adequada, com redução dos riscos socioambientais, realização de atividades econômicas, e, consequentemente, um melhor desenvolvimento das sociedades".

O Capítulo 6, escrito por Junimar José Américo de Oliveira e Cristiane Cardoso, aborda *O currículo dos cursos de licenciatura em Geografia e a inserção da temática do risco socioambiental*. Os autores chamam atenção para a importância dos currículos das universidades e para a percepção dos professores sobre os riscos socioambientais no seu processo formativo. E, daí, abordam "a educação para o risco de desastres e para a resiliência, que vem se tornando cada vez mais necessária para aumentar a capacidade de comunidades diante das mudanças climáticas, decorrentes do aquecimento global, que trazem com elas ameaças capazes de destruir povoados vulneráveis em diversas partes do mundo".

O Capítulo 7, escrito por Leonardo dos Santos Pereira e Aline Muniz Rodrigues, aborda *A importância de serem compreendidos os solos, seus usos e sua conservação na prevenção dos riscos socioambientais*. Trata-se de um tema bastante importante na formação do aluno que, muitas vezes, não é abordado de forma adequada. Os autores destacam que "a perda da funcionalidade do sistema solo no processamento de energia e matéria em áreas urbanas e agrícolas está provocando sérios impactos nas atividades e organizações sociais, visto os desequilíbrios de drenagem e estocagem da água nos solos advindos de usos e manejos inadequados, que culminam na perda das propriedades físico-químicas desse recurso natural".

Geografia e os riscos socioambientais • **19**

O Capítulo 8, *As unidades de conservação ambiental e os riscos: o papel de uma Educação Ambiental para a comunidade do entorno*, elaborado por Edileuza Dias de Queiroz e Lucas da Silva Quintanilha, traz a discussão sobre as unidades de conservação, os riscos e a Educação Ambiental, partindo de pesquisas realizadas no Parque Natural Municipal de Nova Iguaçu (RJ). O objetivo do capítulo é discutir e construir possíveis caminhos para a compreensão das realidades socioambientais e de intervenções a partir do estudo dos problemas existentes. Os autores discutem oportunidades de produzir ações transformadoras quando analisam práticas que envolvem Educação Ambiental. Baseados em suas experiências, eles buscam conectar as informações e compartilhar ações educativas que transformam gradativamente os espaços naturais e sua permanência nesses ambientes, reduzindo os condicionantes de risco.

O Capítulo 9, escrito por Michele Souza da Silva, Samuel Vitor Oliveira dos Santos e Jorge da Paixão Marques Filho, chama-se *As desigualdades socioambientais e a qualidade de vida: quem são os vulneráveis ambientais?*. O objetivo principal deste capítulo é "estabelecer uma discussão sobre as populações mais vulneráveis aos fenômenos naturais, que ocasionam transtornos, desastres, perdas materiais e de vida". Os autores debatem a respeito da capacidade de recuperação diferenciada da população, que é atingida por um fenômeno ou desastre natural, em função da sua renda ou lugar de moradia.

No último capítulo, de número 10, Vivian Castilho da Costa e Marta Foeppel Ribeiro trazem o tema *O geoprocessamento na delimitação e na prevenção de áreas de risco e movimentos de massa*. Discutem o papel dessa ferramenta para delimitar áreas de risco em cidades, realizando mapeamentos dessas áreas para ocorrência de movimentos de massa. Os objetivos deste capítulo são "apresentar considerações de diversos autores acerca dos fatores ambientais condicionantes de ocorrência de movimentos de massa, principalmente em áreas urbanizadas, assim como sobre a criação de áreas protegidas como estratégia para minimizar os efeitos da fragmentação vegetal em relação à biodiversidade e ao desencadeamento desse processo físico; avaliar a contribuição do Geoprocessamento para elaboração de mapas de zoneamentos de áreas protegidas e de risco de ocorrência de movimentos de massa, destacando o seu papel como instrumento para o planejamento ambiental; e propor exemplos de práticas didáticas aplicadas ao mapeamento de áreas risco com o uso de Geotecnologias como meio de contribuição à formação docente".

Considerações finais

Nesta apresentação procuramos dar uma visão geral do livro, levando o leitor a identificar as diversas maneiras de como a Geografia e os riscos socioambientais podem ser abordados em sala de aula, demonstrando que essa ciência possui grande importância na compreensão de muitos problemas sociais e ambientais que enfrentamos na atualidade e como podemos resolvê-los e até mesmo evitá-los.

Buscamos atingir as diversas áreas fundamentais relacionadas à geografia física e seu debate sobre a questão dos riscos socioambientais que deram origem a cada capítulo: bacias hidrográficas, climatologia, geomorfologia, pedologia, Educação Ambiental, biogeografia e geoprocessamento como uma ferramenta importante para estudo da realidade, entre outras áreas. Trouxemos exemplos práticos da atuação da Defesa Civil e da universidade em ambientes educativos não formais (como a cidade de Nova Iguaçu e o Parque Natural Municipal de Nova Iguaçu, no Rio de Janeiro) e análises do processo formativo dos professores frente à temática do risco socioambiental.

Alguns exercícios e atividades são propostos pelos autores do livro no intuito de contribuir para que as aulas de geografia se tornem mais atraentes e possam estar realmente vinculadas ao cotidiano dos alunos. Caso contrário, infelizmente, passa a ser uma matéria que os discentes, desmotivados, só estudam para passar de ano, o que é muito pouco, tal a riqueza de informação e conhecimento que a Geografia pode proporcionar.

Ao final de cada capítulo, uma vasta e atual bibliografia é sugerida para que os leitores possam se aprofundar nos temas propostos no livro. A maior parte é nacional, mas algumas referências estrangeiras também foram incluídas.

Desejamos a vocês uma ótima leitura e que o livro *Geografia e os riscos socioambientais* traga possibilidades de uma sociedade menos vulnerável e capaz de ter resiliência e resistência frente a esses eventos e também que possa servir como instrumento para auxiliar na construção de uma sociedade mais mobilizada, atuante, crítica, justa e capaz de exercer sua plena cidadania.

Referências bibliográficas

ACSELRAD, H. "Vulnerabilidade social, conflitos ambientais e regulação urbana." *Social em Questão*, v. 33, n. 18, pp. 57-68. Rio de Janeiro: PUC-Rio, 2015.

CARDOSO, C.; GUERRA, A. J. T.; SILVA, M. C. "Apresentação." In: CARDOSO, C.; SILVA, M. S.; GUERRA, A. J. T. (orgs.). *Geografia e os riscos socioambientais*. Rio de Janeiro: Bertrand Brasil, 2020.

CARDOSO, C.; SILVA, M. C. "Climatologia do risco: o processo formativo do professor e a transposição didática a partir da realidade vivida." In: CARDOSO, C.; SILVA, M. S.; GUERRA, A. J. T. (orgs.). *Geografia e os riscos socioambientais*. Rio de Janeiro: Bertrand Brasil, 2020.

COSTA, M. O.; NASCIMENTO FR.; FREZ, C. A. M. "As inundações e o papel formativo da defesa civil do município de Nova Iguaçu, RJ." In: CARDOSO, C.; SILVA, M. S.; GUERRA, A. J. T. (orgs.). *Geografia e os riscos socioambientais*. Rio de Janeiro: Bertrand Brasil, 2020.

COSTA, V. C; RIBEIRO, M. F. "O geoprocessamento na delimitação e na prevenção de áreas de risco e movimentos de massa." In: CARDOSO, C.; SILVA, M. S.; GUERRA, A. J. T. (orgs.). *Geografia e os riscos socioambientais*. Rio de Janeiro: Bertrand Brasil, 2020.

DERECZYNSKI, C. P.; CALADO, R. N.; BARROS, A. B. "Chuvas Extremas no Município do Rio de Janeiro: Histórico a partir do Século XIX." *Anuário do Instituto de Geociências*, v. 40, pp. 17-30. Rio de Janeiro: UFRJ, 2017.

DOURADO, F.; ARRAES, T. C.; SILVA, M. F. "O megadesastre da Região Serrana do Rio de Janeiro — as causas do evento, os mecanismos dos movimentos de massa e a distribuição espacial dos investimentos de reconstrução no pós-desastre." *Anuário do Instituto de Geociências*, v. 35, pp. 43-54. Rio de Janeiro: UFRJ, 2012.

JORGE, M. C. O.; GUERRA, A. J. T. "A Bacia hidrográfica: compreendendo o rio para entender a dinâmica das enchentes e inundações." In: CARDOSO, C.; SILVA, M. S.; GUERRA, A. J. T. (orgs.). *Geografia e os riscos socioambientais*. Rio de Janeiro: Bertrand Brasil, 2020.

MARANDOLA JR., E.; HOGAN, D. J. "As dimensões da vulnerabilidade." *São Paulo em Perspectiva*, v. 20, n. 1, pp. 33-43. São Paulo: Fundação SEADE, 2006.

MENDONÇA, F. A. "Riscos, vulnerabilidade e abordagem socioambiental urbana: uma reflexão a partir da RMC e de Curitiba." *Desenvolvimento e meio ambiente*, n. 10, pp. 139-148. Curitiba: UFPR, 2004.

OLIVEIRA, J. J. A. "Por uma Geografia dos Riscos nos currículos: análise da formação de professores de Geografia da rede municipal de ensino de Petrópolis, RJ." 84 f. Dissertação (Mestrado). Seropédica: Curso de Programa de Pós-graduação em Geografia, Universidade Federal Rural do Rio de Janeiro, 2018.

OLIVEIRA, J. J. A.; CARDOSO, C. "O currículo dos cursos de licenciatura em Geografia e a inserção da temática do risco socioambiental." *In*: CARDOSO, C.; SILVA, M. S.; GUERRA, A. J. T. (orgs.). *Geografia e os riscos socioambientais*. Rio de Janeiro: Bertrand Brasil, 2020.

PEREIRA, L. S.; RODRIGUES, A. M. "A importância de serem compreendidos os solos, seus usos e sua conservação na prevenção dos riscos socioambientais." *In*: CARDOSO, C.; SILVA, M. S.; GUERRA, A. J. T. (orgs.). *Geografia e os riscos socioambientais*. Rio de Janeiro: Bertrand Brasil, 2020.

QUEIROZ, E. D; QUINTANILHA, L. S. "As unidades de conservação ambiental e os riscos: o papel de uma Educação Ambiental para A comunidade do entorno." *In*: CARDOSO, C.; SILVA, M. S.; GUERRA, A. J. T. (orgs.). *Geografia e os riscos socioambientais*. Rio de Janeiro: Bertrand Brasil, 2020.

SILVA, A. C.; RANGEL, L. A. "Potencialidades e dificuldades da abordagem de conteúdos geomorfológicos no Ensino Básico." In: CARDOSO, C.; SILVA, M. S.; GUERRA, A. J. T. (orgs.). *Geografia e os riscos socioambientais*. Rio de Janeiro: Bertrand Brasil, 2020.

SILVA, M. S.; SANTOS, S. V. O.; MARQUES FILHO, J. P. "As desigualdades socioambientais e a qualidade de vida: quem são os vulneráveis ambientais?" *In*: CARDOSO, C.; SILVA, M. S.; GUERRA, A. J. T. (orgs.). *Geografia e os riscos socioambientais*. Rio de Janeiro: Bertrand Brasil, 2020.

2

A bacia hidrográfica: compreendendo o rio para entender a dinâmica das enchentes e inundações

Maria do Carmo Oliveira Jorge
Geógrafa e Pesquisadora Associada do LAGESOLOS (Laboratório
de Geomorfologia Ambiental e Degradação dos Solos — UFRJ)

Antônio José Teixeira Guerra
Professor Titular do Departamento de Geografia — UFRJ

Introdução

O processo de ensino e aprendizagem nas escolas tem sido um grande desafio para os professores na atualidade, pois vivenciamos uma era onde informações são passadas quase que instantaneamente pelas mídias. Dessa forma, cabe aos professores a difícil tarefa de tornar muitas dessas informações uma ferramenta que estimule o conhecimento e a aprendizagem em sala de aula.

Repensar os modelos e opções pedagógicas tem sido o caminho encontrado por muitos profissionais da área de ensino, e seguindo um dos pilares da escola, que é o de promover o debate acerca dos problemas que afetam a vida do aluno e de sua comunidade, tanto no âmbito local como no global, os educadores precisam ser incentivados quanto ao papel da construção de seus saberes de forma participativa e crítica.

Nesse capítulo, a discussão ficará centrada na importância de se trabalhar o conteúdo *bacia hidrográfica*, tanto no ensino fundamental como no ensino médio, voltada para o entendimento da dinâmica das enchentes e inundações que têm ocorrido, com mais frequência, principalmente nas grandes cidades. A abordagem dada a esse conteúdo pode romper a barreira dos livros e apostilas e ir ao encontro da realidade do aluno, independentemente da escala de análise. É importante destacar também que a construção desse conhecimento geográfico deve estar centrada na responsabilidade ambiental e nos aspectos socioambientais (Fraga, 2014; Bonoto e Carvalho, 2016).

A escala de análise é outra condição que facilitará o recorte desse entendimento, pois, muitas vezes, os alunos desconhecem o próprio lugar no qual estão inseridos, e é nele que está a chave de toda essa construção.

Percebe-se que existe uma lacuna relacionada aos conceitos, bem como às relações que poderiam ser feitas com seu ambiente de vivência, além de certos conteúdos serem meramente decorados e rapidamente esquecidos. Ainda com relação à escala de análise, ela vai depender do problema a ser abordado. Pode-se tanto delimitar a totalidade de uma bacia, assim como podem ser delimitadas suas sub-bacias, maiores ou menores, pois vai depender do tema a ser analisado.

Segundo Ribeiro e Afonso (2012), pesquisas afirmam que a maioria dos alunos do ensino fundamental não domina os conceitos básicos relacionados à questão dos recursos hídricos e não é capaz de sugerir medidas adequadas para o enfrentamento dos problemas socioambientais presentes.

Dessa forma, o tema a ser discutido é pertinente e atual, assim como é um desafio para o entendimento da realidade vivenciada por muitos alunos, principalmente aqueles que vivem nas grandes cidades, pois os problemas de inundações e enchentes em muitos municípios do Brasil têm sido cada vez mais comuns (Guerra e Frota Filho, 2018). Para atingir esses objetivos, será trabalhada a parte conceitual e, num segundo momento, suas relações com o homem, com o ambiente e as mudanças nas paisagens.

Uma boa revisão da literatura geomorfológica foi feita para atingir os objetivos aqui propostos a fim de que os leitores possam verticalizar no tema em questão, caso queiram. A abordagem inicial centralizará os conceitos relacionados à bacia hidrográfica e suas características naturais e, posteriormente, como essas relações foram rompidas pelo processo de urbanização e foram alterando paisagens. Também são sugeridos dois exercícios para se trabalhar a bacia hidrográfica.

Bacias hidrográficas

São inúmeras as definições de bacia, variando de acordo com os autores. Neste artigo resolvemos citar apenas algumas para elucidar junto aos leitores um tema de grande importância na Geografia e na Geomorfologia. Por exemplo, em Guerra e Guerra (2018), "é um conjunto de terras drenadas por um rio principal e seus afluentes" e cuja formação se dá através dos desníveis dos terrenos que direcionam os cursos da água, das áreas mais elevadas para as mais planas.

Trata-se de uma definição simples, mas que engloba uma série de características que estão presentes de forma implícita, como os divisores de água, as cabeceiras ou nascentes e os cursos de água principais com seus afluentes. A **Figura 2.1** exemplifica uma bacia hidrográfica, cujas nascentes estão a aproximadamente 1.000m de altitude e percorrem aproximadamente 12km até desaguar no mar.

Bacia hidrográfica é, portanto, uma área definida topograficamente, drenada por um curso d'água ou por um sistema conectado de cursos d'água, de forma tal que toda a vazão efluente seja descarregada por uma única saída. São sistemas abertos que envolvem entradas e saídas de água, sedimentos e energia (Petersen *et al.*, 2014).

Veja a Figura 2.1 do caderno de imagens — Bacia Hidrográfica do rio Maranduba, situada no município de Ubatuba-SP.

De acordo com Petersen *et al.* (2014), para administrar adequadamente os recursos hídricos de uma bacia hidrográfica e entender os mecanismos de entrada e saída é fundamental conhecer os limites e elementos da bacia e as sub-bacias que os compõem (**Figura 2.2**). Tem-se dessa forma:

1. O divisor de águas que representa o perímetro exterior de uma bacia de drenagem e também o limite entre ela e as bacias adjacentes.

2. A área de drenagem, que corresponde à área plana (projeção horizontal), está inclusa entre seus divisores topográficos, cuja medida geralmente utilizada é o km². No Brasil, temos a bacia Amazônica, que abrange uma área de 7 milhões de quilômetros quadrados, sendo a maior bacia hidrográfica do mundo e responsável por cerca de um quinto do fluxo fluvial total do planeta. Ela compreende uma área que envolve vários países

da América do Sul, como Peru, Colômbia, Venezuela, Guiana, Suriname e Bolívia. No exemplo dado pela **Figura 2.1**, a bacia hidrográfica do rio Maranduba possui 38km².

3. A hierarquia da bacia reflete o grau de ramificação de canais dentro dela. Um rio que tenha um número muito grande de afluentes e compreende vários níveis de sub-bacias terá um comportamento diferente em alguns aspectos quando comparado com um pequeno rio com poucos afluentes. Consequentemente, vai variar a sua hierarquia fluvial.

4. O nível de base se refere ao ponto mais baixo, ao qual o rio pode fluir. Todos os rios têm seu nível de base, uma elevação abaixo da qual não pode fluir; o nível do mar é o nível de base final para a ação de praticamente todos os rios.

Ainda para o entendimento da dinâmica dos canais de drenagem e seu comportamento é importante destacar outras características naturais, como mostrado por Cunha (2003):

5. O vale fluvial pode ser entendido sob o ponto de vista dos tipos de leito (leito menor, leito de vazante, maior e excepcional), dos tipos de canal (retilíneo, anastomosado e meandrante), e dos tipos de padrão de drenagem, em função do padrão de escoamento (exorreico, endorreico e arreico). A dinâmica particular de cada uma dessas fisionomias está associada à geometria hidráulica gerada pelos processos de erosão, transporte e deposição de sedimentos fluviais.

Outros conceitos importantes para o regime e abastecimento nas bacias e importantes para o ciclo hidrológico — determinado pelas características físicas, geológicas, topográficas e climáticas de uma determinada área — dizem respeito à precipitação, interceptação, infiltração e escoamento superficial.

De acordo com Bertoni e Tucci (1993), precipitação é toda a água proveniente do meio atmosférico que atinge a superfície terrestre e que pode se caracterizar de formas diferentes, como, chuva, granizo, orvalho, neblina. Dessa forma, a diferença entre essas precipitações está no estado em que a água se encontra. Numa bacia hidrográfica, a determinação da intensidade de precipitação é importante para o controle de inundação, assim como da erosão do solo (Botelho, 2011).

A interceptação é a retenção de água da chuva antes de atingir o solo. Pode ocorrer pela vegetação, pelo armazenamento nas depressões e infiltração. Quanto à interceptação vegetal, esta irá depender de algumas variáveis, como as características da precipitação, condições climáticas (intensidade do vento), tipo e densidade da vegetação. As folhas geralmente interceptam a maior parte da precipitação; porém, a disposição dos troncos também contribui significativamente, assim como o período do ano, pois irá interferir em alguns tipos de cultivo, que apresentem diferentes fases de crescimento e colheita (Tucci, 1993).

A infiltração é a capacidade de penetração da água das chuvas nas camadas do solo, próximas à superfície do terreno, sob a ação da gravidade, até atingir uma camada suporte que a retém (Tucci, 1993).

O escoamento superficial, o movimento das águas na superfície dos solos em função do efeito da gravidade e das precipitações, ocorre quando a capacidade de infiltração da superfície do solo é excedida e não consegue mais absorver água (Guerra e Guerra, 2018).

Os processos descritos até aqui, que envolvem entrada e saída numa bacia hidrográfica, mostram que o aprendizado embasado nos conceitos é o primeiro passo essencial para que os alunos comecem a pensar nas atividades antrópicas incorporadas ao meio ambiente e nas relações de causa e efeito, a exemplo das inundações, enchentes e alagamentos.

A dinâmica das enchentes e inundações e as relações com as mudanças na paisagem

As bacias hidrográficas vêm sofrendo inúmeros impactos ambientais, em especial com o Antropoceno. Segundo Goudie (2019), esse conceito foi introduzido por Crutzen (2002), mas ainda não foi aceito como unidade geológica oficial, como um nome para uma nova época, na história da Terra. Uma época em que as atividades humanas se tornaram profundas e transformadoras ou excederam as forças da Natureza ao influenciarem o sistema terrestre.

Steffen *et al.* (2007) identificaram três estágios no Antropoceno: o primeiro durou entre 1800 e 1945, o qual eles chamaram de Era Industrial;

o segundo durou entre 1945 e 2015, o qual eles denominaram A Grande Aceleração; e o terceiro, um estágio onde as pessoas estão se conscientizando do impacto humano sobre os sistemas terrestres e da necessidade de manejo ambiental adequado, está começando agora. **Veja a Figura 2.2 do caderno de imagens — Características de uma bacia hidrográfica.** Como se pode observar, os rios sempre foram importantes fontes de recurso para a sobrevivência dos seres vivos no planeta; porém, as transformações que ocorreram na escala de vida humana, e, mais precisamente, com o advento da urbanização, foram responsáveis por muitos impactos negativos que afetaram sua dinâmica e magnitude (Pellogia, 1998; Jorge, 2011).

Se o rio no seu curso natural era atrativo com valor significativo, como o uso para a pesca, o banho, a navegação, o lazer e a contemplação, a partir do momento que passa a ser urbanizado, aos poucos vai perdendo esse valor e seu equilíbrio vai sendo rompido, chegando até a desaparecer por meio de aterro de afluentes, canalizações e desvios de seus cursos. Todas essas modificações, associadas a eventos climáticos, principalmente no período das chuvas de verão, podem acentuar as cheias ou as vazantes em um determinado trecho da bacia hidrográfica ou nela toda, dependendo de suas características e magnitude (Tucci, 1993 e 2002).

A permeabilidade dos solos — capacidade de retenção de água pelo subsolo — nas grandes cidades tem um papel muito importante relacionado às inundações, enchentes e alagamentos, pois em solos cimentados, ruas asfaltadas, solos que ficam sob as casas e prédios, a permeabilidade será muito baixa ou nula (Silveira *et al.*, 2014).

A ocorrência desses eventos em áreas urbanas pode ser explicada pelo agravamento do escoamento superficial natural (**Figura 2.3**), que sofre alterações substanciais, em decorrência do processo de urbanização desordenada, como consequência da impermeabilização da superfície.

Veja a Figura 2.3 do caderno de imagens — Praça inundada em Barra Bonita, Recreio dos Bandeirantes, Rio de Janeiro, RJ (2019).

Dessa forma, as inundações em muitas cidades brasileiras ocorrem cada vez com mais frequência e com maior intensidade, trazendo consequências à saúde, à infraestrutura, ao meio ambiente e à economia (Lima e Amorim, 2014).

É importante esclarecer que os termos enchentes, alagamentos e inundações nem sempre são utilizados adequadamente, causando assim desentendimento por parte da população e até mesmo no meio científico e nos órgãos públicos.

De acordo com o Ministério das Cidades/IPT (2007), as inundações representam o transbordamento das águas de um curso d'água, atingindo a planície de inundação ou área de várzea, e esses eventos podem ser ocasionados, em razão do comportamento natural dos rios e também ampliados pelo efeito de alteração produzido pelo homem na urbanização, como a impermeabilização das superfícies e canalização de córregos.

Segundo Kobiyama (2008, p. 8),

> [...] a inundação é o resultado de uma grande quantidade de chuva que não foi suficientemente absorvida por rios e outras formas de escoamento, causando transbordamentos. A situação é pior nas cidades, porque os prédios, casas e o asfalto recobrem áreas antes cobertas por vegetação, que em um momento anterior seguravam a água no solo e também absorviam parte da chuva.

As enchentes são definidas pela elevação do nível da água no canal de drenagem em virtude do aumento da vazão, atingindo a cota máxima do canal; porém, sem transbordamento (Ministério das Cidades/IPT, 2007).

O alagamento é o acúmulo momentâneo de águas em determinados locais, como ruas e nos perímetros urbanos, por deficiência no sistema de drenagem, com o escoamento superficial comprometido pela topografia e falta ou insuficiência de um sistema pluvial no ambiente urbano (**Figura 2.4**) (Ministério das Cidades/IPT, 2007).

As enxurradas correspondem ao escoamento superficial concentrado e com alta energia de transporte, ocasionado em eventos chuvosos intensos ou extremos. Amaral e Ribeiro (2009) definem as enxurradas como o escoamento superficial concentrado, com alta energia de transporte, que pode, ou não, estar associado a áreas de domínio dos processos fluviais.

A **Figura 2.4** exemplifica o espaço que pode ser ocupado pelas águas (leito do rio) em diferentes níveis: o leito normal, que corresponde à calha por onde escoam as águas; o leito de enchente, quando o rio está com seu volume elevado, mas sem transbordar; e o leito de inundação, quando o rio transborda, alagando as planícies ou várzeas.

Veja a Figura 2.4 do caderno de imagens — Enchente, inundação e alagamento.

Impactos socioambientais nas bacias hidrográficas e as relações das enchentes, alagamentos e inundações

As planícies de inundação (*floodplains*, em inglês), que fazem parte da bacia hidrográfica, têm sofrido impactos ambientais severos, com perdas de vidas humanas e bens materiais, em especial nas áreas urbanas, uma vez que são vistas como áreas de fácil construção, aumentando os riscos de inundação, através da sua impermeabilização, da canalização dos rios (**Figura 2.5**), e, muitas vezes, de uma completa transformação das superfícies originais, ao longo do canal, bem como em áreas situadas mais a montante, dentro da mesma bacia (Charlesworth e Warwick, 2012).

Veja a Figura 2.5 do caderno de imagens — Trecho retificado do rio Macaé, RJ.

Segundo os referidos autores, as inundações são responsáveis por aproximadamente 20 mil vidas perdidas, e 20 milhões de pessoas são realocadas para outras áreas por ano, sendo considerado o pior desastre natural, provocando impactos socioambientais de grandes proporções. Charlesworth e Warwick (2012) apontam que aproximadamente 1/3 das terras emersas é sujeita a inundações, com 82% da população mundial ocupando essas áreas.

As mudanças provocadas numa bacia hidrográfica — e que têm alterado a sua dinâmica e processos numa área urbana — advêm do desenvolvimento que avança sobre as planícies de um rio, remove a vegetação e constrói casas, empreendimentos comerciais, ruas, calçadas, estacionamento e acaba por diminuir a permeabilidade dos solos. Como consequência, menos água irá se infiltrar no subsolo, e o seu caminho serão as ruas e avenidas (**Figura 2.6**) (Tucci, 1993; Tucci e Collishonn, 2000; Tucci, 2002).

As galerias pluviais — inexistentes em alguns locais e que em outros já não conseguem atender às novas demandas — ocasionam um número cada vez maior de enxurradas. Exemplos desse fenômeno pode ser encontrada em muitas cidades espalhadas pelo país.

Para sintetizar o processo dessa mudança na paisagem e as consequências, segue a narrativa da história do Tamanduateí, famoso rio da cidade de São Paulo.

Veja a Figura 2.6 do caderno de imagem — Resposta da geometria do escoamento: características das alterações de uma área rural para urbana.

A história de um rio e seu processo de ocupação na cidade de São Paulo

Essa é a história de um rio conhecido como Tamanduateí, cujo nome em tupi significa "rio dos tamanduás verdadeiros". É um rio que nasce em Mauá, atravessa a região metropolitana do estado de São Paulo, passando pelas cidades de Santo André e São Caetano, e deságua no Tietê próximo ao Parque Anhembi, na cidade de São Paulo. Tinha como afluente principal, no seu percurso original, o rio Anhangabaú, local onde hoje se situam a Avenida São João e o Vale do Anhangabaú. Sua extensão é de 35 km e sua bacia hidrográfica possui 320 km².

Até a metade do século XIX, o Tamanduateí era sinuoso por toda a cidade e teve importância econômica no começo da urbanização da cidade de São Paulo. A população usava o rio para tomar banho, lavar os cavalos, pescar, lavar roupas, e suas águas serviam também como via navegável, sendo possível atender o Mercado Grande e o Mercado dos Caipiras, que existiam na antiga Rua de Baixo, atual 25 de Março. O porto — daí o nome da rua — resistiu até o início do século XX, quando o prefeito mudou o curso do rio e o reduziu a um estreito canal (Oliveira, 2014).

No meio do rio Tamanduateí havia uma ilha, chamada Ilha dos Amores. Era uma pequena ilha com jardins, quiosques para petiscos e bebidas, espaço para o descanso. Após vários alagamentos, ela foi abandonada e deixou de existir no início do século XX, quando ocorreu a segunda retificação do rio (Oliveira, 2014).

Porém, como o seu curso era sinuoso e ocupava uma grande área, e por necessidade de ocupação, o homem transformou seu espaço. Dessa forma, retificou o seu curso e foram surgindo construções e ruas. A cidade de São Paulo, que em 1872 tinha 30 mil habitantes, passou a ter 240 mil em 1900. E, assim, o rio começou a perder suas curvas já em 1894. A grande ocupação urbana foi decisiva para que esse rio, antes curvilíneo, se transformasse em um rio reto em 1930 (Oliveira, 2014).

Hoje em dia, em épocas de chuvas intensas, o rio transborda e invade a Avenida do Estado, paralela ao seu curso. Importante destacar que muitos dos seus afluentes deram origem a bairros e vilas, como o Ipiranga e a Mooca. A maioria desses córregos se encontra total ou parcialmente canalizada e transformada (Tucci e Collishonn, 2000).

O exemplo acima elucida bem as mudanças ocasionadas nas cidades brasileiras ao longo de décadas e que conhecemos pelas mídias e até pelo nosso cotidiano, onde muitas cidades têm tido transtornos pelas chuvas principalmente em períodos chuvosos. A cidade de São Paulo tem hoje cerca de 400 km² de área construída e impermeabilizada e abriga 11 milhões de habitantes, que descartam nas ruas toneladas de detritos de toda espécie e todos os dias (Licco e Mac Dowell, 2015).

Já o processo de ocupação na cidade do Rio de Janeiro mostra que a expansão urbana ocorreu nas baixadas e várzeas envolvendo a construção de aterros sobre o mar e sobre as áreas de mangue. Esses aterros implicaram em obras de retificação e prolongamento dos canais em trechos com declividades muito baixas, resultando numa concentração de fluxos fluviais, enquanto que os sedimentos advindos dos morros contribuíram para a redução da capacidade dos canais e seu assoreamento (Fundação Rio Águas, 2011).

Importante destacar que o assoreamento, originalmente, é um processo natural, mas que as atividades humanas, sobretudo a retirada da vegetação das margens dos rios, intensificam o processo. O acúmulo de sedimentos num rio afeta, por exemplo, a sua navegabilidade, pois os bancos de areia que se formam, além de diminuírem a velocidade da vazão, atrapalham a passagem de embarcações (**Figura 2.7**). Os obstáculos encontrados pelas águas dos rios também podem ser responsáveis pelas enchentes urbanas, pois o rio ao fazer seu desvio acaba por atingir as áreas urbanas.

Veja a Figura 2.7 do caderno de imagens — Assoreamento no baixo curso do rio Maranduba, em Ubatuba, SP.

Considerações finais

Ao discutir temas relacionados às bacias hidrográficas e às mudanças em seu sistema causadas pelos impactos da urbanização, deve-se levar em conta a abordagem interdisciplinar, pois o resultado será mais eficiente quando se associam conceitos de geografia e ciências e questões sociais são envolvidas.

A contextualização dos temas que envolvem bacias hidrográficas, desde as suas características físicas até os efeitos decorrentes da atividade humana, mostra que a visão sistêmica dá mais consistência e enriquece a análise, diferente de serem estudados de uma forma setorial componentes como a vegetação, a água e até mesmo o homem individualmente.

A discussão sobre os conceitos, tendo como recorte a vivência e o cotidiano do aluno, acaba se tornando a chave para o conhecimento e a compreensão da realidade, que extrapola os limites de uma sala de aula. Sob essa perspectiva, é importante destacar que as atividades de campo também devem ser levadas em consideração ao longo de todo esse processo do conhecimento, uma vez que tais atividades tendem a despertar a atenção dos alunos e ajudam na fixação de conceitos.

Referências bibliográficas

AMARAL, R; RIBEIRO, R. R. "Enchentes e Inundações." In: *Desastres Naturais, conhecer para prevenir*. Tominaga, L. K; Santoro, J; Amaral, R. (orgs.). Instituto Geológico, São Paulo, 2009, pp. 40-53.

BERTONI, J. C.; TUCCI, C. E. M. "Precipitação." In: TUCCI, C. E. M. (org.). *Hidrologia Ciência e Aplicação*. Porto Alegre: UFRGS, 1993, pp. 177-241.

BONOTTO, D. M. B., CARVALHO, M. B. S. S. Educação Ambiental e valores na escola: buscando espaços, investindo em novos tempos [on-line]. São Paulo: Cultura Acadêmica, 2016, 175 p. Disponível em: <http://books. scielo.org/id/85fqc/pdf/bonotto-9788579837623.pdf>. Acesso em 4 de abril de 2019.

BOTELHO, R. G. M. "Bacias hidrográficas urbanas." *In*: GUERRA, A. J. T. (org.). *Geomorfologia urbana*. Rio de Janeiro: Bertrand Brasil, pp. 71-115, 2011.

CHARLESWORTH, S. M.; WARWICK, F. "Adapting to and Mitigating Floods Using Sustainable Urban Drainage Systems." *In*: LAMOND, J.; BOOTH, C.; HAMMOND, F.; PROVERBS, D. (org.). *Flood Hazards — Impacts and Responses for the Built Environment*. Nova York: CRC Press, Taylor & Francis Group, 2012, pp. 207-234.

CÔCO, E. Elementos da ludicidade aplicados à metodologia de ensino das bactérias e protozoários. Secretaria de Estado da Educação do Paraná — SEED. Universidade Estadual do Norte do Paraná — UENP. Programa de Desenvolvimento Educacional — PDE, Produção Didático--Pedagógica, 2014. Disponível em: <http://www.diaadiaeducacao.pr.gov. br/portals/cadernospde/pdebusca/producoes_pde/2014/2014_uenp_ cien_pdp_elizangela_coco.pdf>. Acesso em 10 de abril de 2019.

CRUTZEN, P. J. "Geology of Mankind." *Nature* 415, 23, 2002.

CUNHA, S. B. "Canais fluviais e a questão ambiental." *In*: GUERRA, A. J. T.; CUNHA, S. B (orgs.). *A questão ambiental e diferentes abordagens*. Rio de Janeiro: Bertrand Brasil, 2003, pp. 219-237.

EIRA, C. R. S. Estudo de bacia hidrográfica: pesquisa voltada para a construção do conhecimento científico e da responsabilidade ambiental com alunos do Ensino Médio. O professor PDE e os desafios da escola paranaense. Secretaria de Estado da Educação-SEED, Campo Mourão, v. I, 2012. Disponível em: <http://www.diaadiaeducacao.pr.gov.br/portals/cadernospde/pdebusca/producoes_pde/2012/2012_fecilcam_geo_ artigo_claudia_regina_silva_da_eira.pdf>. Acesso em 7 de abril de 2019.

FRAGA, D. A. A Educação Ambiental na escola: a Geografia e os princípios da sustentabilidade contribuindo na aprendizagem para o adequado manejo dos resíduos sólidos. Produção Didático-Pedagógica — Os Desafios da Escola Pública Paraense na Perspectiva do Professor PDE. Cornélio Procópio, 2014, v. II. Disponível em: <http://www. diaadiaeducacao.pr.gov.br/portals/cadernospde/pdebusca/producoes_ pde/2014/2014_uenp_geo_pdp_divacelma_alves_fraga.pdf>. Acesso em 14 de março de 2019.

FUNDAÇÃO RIO ÁGUAS. Bacia Hidrográfica do Canal do Mangue: Intervenções propostas pelo PDMAP e projeto do túnel extravasor. Rio de Janeiro: Rio-Águas, 2011.

GOERL, R. F.; KOBIYAMA, M. "Considerações sobre as inundações no Brasil." *In*: *XVI Simpósio Brasileiro de Recursos Hídricos. Anais...* João Pessoa: ABRH, 2005.

GOUDIE, A. "The Human Impact in Geomorphology — 50 years of change." *Geomorphology*, Prelo, 2019.

GUERRA, A. T.; GUERRA, A. J. T. *Novo Dicionário Geológico-Geomorfológico*. 12ª ed. Rio de Janeiro: Bertrand Brasil, 2018.

GUERRA, A. J. T; FROTA FILHO, A. B. "Geomorfologia e o ensino da Geografia." In: CARDOSO, C.; SILVA, M. C. A *Geografia Física — Teoria e Prática no Ensino de Geografia*. Curitiba: Appris Editora, 2018, pp. 39-56.

JORGE, M. C. O. "Geomorfologia urbana: conceitos, metodologias e teorias." *In*: GUERRA, A. J. T. (org.). *Geomorfologia urbana*. Rio de Janeiro: Bertrand Brasil, 2011, pp. 117-145.

JORNAL MARANDUBA NEWS. "Assoreamento do Rio Maranduba chega ao limite, dizem pescadores." *Jornal de Maranduba*, ano 4, edição 53, 2013. Disponível em: <http://jornalmaranduba.com.br/wpcontent/uploads/2019/05/jornalmarandubanews53web.pdf>. Acesso em 10 de maio de 2019.

KOBIYAMA, M.; MOTA, A. A.; CORSEUIL, C. W. *Recursos hídricos e saneamento*. Curitiba: Ed. Organic Trading, 2008.

LICCO, E. A.; MAC DOWELL, S. F. "Alagamentos, enchentes, enxurradas e inundações: digressões sobre seus impactos socioeconômicos e governança." *Revista de Iniciação Científica, Tecnológica e Artística. Edição Temática em Sustentabilidade*, v. 5, n. 3, pp. 159-174, São Paulo, 2015.

LIMA, A. P.; AMORIM, M. C. C. T. "Análise de episódios de alagamentos e inundações urbanas na cidade de São Carlos a partir de notícias de jornal." *Revista Brasileira de Climatologia*, v. 15, pp. 182-204, 2014.

MINISTÉRIO DAS CIDADES / INSTITUTO DE PESQUISAS TECNOLÓGICAS — IPT — *Mapeamento de riscos em encostas e margens de rios*. Brasília: Ministério das Cidades; Instituto de Pesquisas Tecnológicas — IPT, 176 p., 2007.

OLIVEIRA, A.. *O Rio de muitas voltas — Um Breve Histórico do Tamanduateí, 2014*. Disponível em: <http://www.saopauloinfoco.com.br/rio-tamanduatei/>. Acesso em 10 de abril de 2019.

PELOGGIA, A. *O homem e o ambiente geológico: geologia, sociedade e ocupação urbana no Município de São Paulo*. São Paulo: Xamã, 1998.

PETERSEN, J. F.; SACK, D.; GABLER, R. E. *Fundamentos de geografia física*. São Paulo: Cengage Learning, 2014.

RIBEIRO, C. R.; AFFONSO, E. P. "Avaliação da percepção ambiental de alunos do Ensino Fundamental residentes na Bacia Hidrográfica do Córrego São Pedro — Juiz de Fora, MG." *Bol. geogr., Maringá*, pp. 73-85, 2012. Disponível em: <http://www.periodicos.uem.br/ojs/index.php/BolGeogr/article/viewFile/10077/9430>. Acesso em 10 março de 2019.

RODRIGUES, C.; ADAMI, S. F. "Técnicas de hidrografia." *In*: VENTURI, L. A. B. (org.). *Geografia — Práticas de Campo, Laboratório e Sala de Aula*. São Paulo: Editora Sarandi, 2011, pp. 55-82.

SCHUELER, T. R. *Controlling Urban Runoff: A Practical Manual for Planning and Designing Urban BMPs*. Department of Environmental Programs, Metropolitan Washington Council of Governments, 1987.

SILVEIRA, C. A.; DIAS, P.; SCHUCH, F. S. "A problemática das inundações em áreas urbanas sob a ótica da permeabilidade do solo." *Congresso Brasileiro de Cadastro Técnico Multifinalitário*. UFSC, Florianópolis, 12 a 16 de out. 2014. Disponível em: <https://repositorio.ufsc.br/bitstream/handle/123456789/134547/COBRAC_2014_6-8-1-RV.pdf?sequence=1&isAllowed=y>. Acesso em 10 de março de 2019.

STEFFEN, W.; CRUTZEN, P. J.; McNeill, J. R. *The Anthropocene: Are Humans Now Over-Whelming the Great Forces of Nature?* Ambio, n. 36, pp. 614-621, 2007.

TUCCI, C. E. M. "Controle de Enchentes." *In*: TUCCI, C. E. M. (org.). *Hidrologia: ciência e aplicação*. Porto Alegre: ABRH, 1993, pp. 621-658.

_____. "Interceptação; escoamento superficial." *In*: TUCCI, C. E. M. (org.). *Hidrologia: ciência e aplicação*. 3ª ed. Porto Alegre: ABRH, 2002, pp. 243-252.

TUCCI, C. E. M.; COLLISHONN, W. "Drenagem urbana e controle de erosão." *In*: TUCCI, C. E. M.; MARQUES, D. M. L. M. (Orgs.). *Avaliação e controle da drenagem urbana*. Porto Alegre: UFRGS, 2000, pp. 119-127.

Atividade 1

Baseado no trabalho de Eira (2013), este exercício é elaborado com base na implementação da Produção Didático-Pedagógica, denominada *Estudo de Bacia Hidrográfica: pesquisa voltada para a construção do conhecimento científico e da responsabilidade ambiental com alunos do Ensino Médio*. Seu objetivo é orientar e estimular os estudantes do Ensino Médio para a prática das pesquisas em campo e chamar atenção dos alunos para as questões ambientais, na construção do conhecimento geográfico, com enfoque no estudo dos aspectos socioambientais de uma bacia hidrográfica, partindo do espaço local.

Sugere-se como ferramentas para enriquecer o trabalho registro de fotos e reprodução de vídeos, pois o ensino dos conceitos de Geografia se torna mais atrativo, prático, dinâmico e significativo.

Seguem as suas etapas e descrições:

Etapa 1	Introdução aos conceitos geográficos de bacia hidrográfica, questões ambientais e espaço geográfico por meio da utilização de fotos, mapas e figuras apresentados em slides. Os alunos são instigados a pensar, repensar e registrar informações.
Apresentação da proposta de pesquisa.	
Diagnóstico dos conceitos que a turma possui sobre bacia hidrográfica e os processos naturais e antrópicos inseridos.	Avaliação da turma por meio de um questionário diagnóstico com questões objetivas sobre o conceito de bacia hidrográfica, os motivos para estudá-la, os principais rios do município em que moram e outros questionamentos sobre responsabilidade ambiental e conceitos geográficos.
	Construção de um mapa mental sobre a realidade do entorno do aluno. Esse mapa tem como finalidade mostrar o antes e o depois dos trabalhos desenvolvidos em sala e no campo.

Etapa 2 Caracterização da realidade local e da bacia hidrográfica explorada.	Materiais como o Atlas Ambiental do município, se houver, cartas topográficas para a visualização do município e de todo o percurso dos rios que compõem a bacia e sub-bacias, mapas e o Google Earth para auxiliar na interpretação. Em todas as aulas elaborar um roteiro para facilitar os alunos observarem as imagens de satélite, analisando os diferentes espaços, desde o global até o local. Quanto ao local, instigar os alunos a apontarem localizações do bairro, colégio, ruas conhecidas, rodovias, os espaços rural e urbano, além de outros locais considerados importantes. Estimular os alunos a realizarem discussões sobre as questões e relações socioambientais na área da bacia hidrográfica. Informações sobre a ocorrência de enchentes e inundações e associar com períodos passados. Realizar comparações com diferentes recortes espaciais se houver possibilidade. É importante destacar o trecho a ser percorrido na aula de campo e definir os pontos de parada. Ao final das aulas expositivas, colocar como proposta a produção de um texto sobre o conceito de bacia hidrográfica, as relações entre a natureza e a sociedade do entorno, se existem ações voltadas à responsabilidade ambiental. E quais sugestões de políticas públicas para amenizar os problemas no entorno da bacia, se houver, como os problemas ligados a enchentes e inundação.
Etapa 3 Aula de campo.	O roteiro deve estabelecer o número de paradas e anotações para a análise da paisagem. O objetivo é reforçar, de forma prática, o conhecimento construído no decorrer das aulas teóricas. Os alunos devem observar, refletir e opinar sobre os espaços urbano e rural, os aspectos da rede hidrográfica, os tipos de vegetação, solo, relevo, uso e ocupação dos espaços, os aspectos socioambientais e socioeconômicos. Se houver possibilidade do uso de GPS, anotar as coordenadas geográficas (latitude e longitude) e a altitude dos pontos de parada.
Etapa 4 Análise e sistematização dos registros de dados em aula de campo.	Após a aula de campo, discutir, junto com os alunos, as percepções observadas em campo. Em seguida, cada aluno ou equipe deve sistematizar as informações. A área drenada pela bacia passou por muitas transformações ao longo da sua história? Além das observações em campo, o uso de mapas antigos e atuais pode contribuir para esse recorte espaço-temporal.
Etapa 5 Finalização e avaliação da proposta.	Para finalizar a proposta, realizar um questionário para averiguar se houve evolução na aprendizagem. Sugere-se que, a partir das experiências, o aluno faça um mapa mental da área, através de sua percepção com o *antes* e o *depois* da ida a campo. O uso de vídeo documentário sobre o estudo de bacia hidrográfica e a responsabilidade ambiental, relacionado aos conceitos básicos da Geografia, também é uma opção caso seja possível.

Atividade 2
Bingo das bacias hidrográficas

Atividade desenvolvida, com modificações, por Côco (2014) e site Portal do Professor, disponível em: <http://portaldoprofessor.mec.gov.br/fichaTecnica-Aula.html?aula=6489>.

O objetivo da aula é que os alunos possam, por meio dessa atividade lúdica, fazer uma revisão de aprendizagem dos conceitos relacionados a bacias hidrográficas.

A. Materiais:

- Os alunos irão construir uma cartela de bingo, com dimensões 20cmx20cm, como assim representado:

Nome do Colégio		
Bingo — Bacia Hidrográfica		
Aluno (a): _____		

- O próximo passo é que o professor coloque no quadro um banco de dados relacionados ao tema abordado, no exemplo acima, bacia hidrográfica. Em seguida, solicitar que os alunos escolham 15 palavras que deverão ser copiadas com caneta nos espaços em branco da cartela do bingo. Segue sugestão com 30 palavras:

1. Margem	11. Turbidez	21. Perfil transversal
2. Jusante	12. Margem côncava	22. Talvegue
3. Montante	13. Margem convexa	23. Vale fluvial
4. Divisor de águas	14. Bacia hidrográfica	24. Nível de base
5. Erosão fluvial	15. Rio perene	25. Infiltração
6. Deposição fluvial	16. Rio temporário	26. Interceptação
7. Foz	17. Planície de inundação	27. Ciclo hidrológico
8. Confluência	18. Inundação	28. Permeabilidade
9. Cachoeira	19. Enchente	29. Impermeabilização dos solos
10. Corredeira	20. Perfil longitudinal	30. Alagamento

- No passo seguinte, o professor irá elaborar um banco de frases numeradas (sugerido abaixo) que correspondam aos conceitos dos termos do banco de palavras. Esse banco de material de consulta é apenas para o professor.

Pergunta 1	Faixa de terra emersa junto à água de um rio
Pergunta 2	Área situada abaixo de outra em um rio
Pergunta 3	Área situada acima de outra em um rio
Pergunta 4	Linha que separa águas pluviais entre duas bacias hidrográficas
Pergunta 5	Remoção e transporte de sedimentos dentro de um rio
Pergunta 6	Sedimentos que são depositados no canal fluvial e nas margens
Pergunta 7	Confluência de um rio, no mar, lagoa ou em outro rio
Pergunta 8	Local onde dois ou mais rios se encontram
Pergunta 9	Queda-d'água no curso de um rio
Pergunta 10	É um fraco desnivelamento no leito do rio onde as águas são turbulentas
Pergunta 11	Determina se um rio possui águas mais ou menos transparentes. Pode ser devido aos sedimentos transportados ou à poluição
Pergunta 12	É aquela onde ocorre maior erosão por causa da maior energia das águas
Pergunta 13	É aquela onde ocorre maior sedimentação devido ao maior atrito com a margem
Pergunta 14	Conjunto de terras drenadas por um rio principal e seus afluentes
Pergunta 15	Rio que possui água no seu canal durante todo o ano
Pergunta 16	Rio que não possui água correndo no seu canal durante todo o ano. No Brasil, alguns rios que cortam o Sertão Nordestino são temporários

Pergunta 17	É a parte da planície, pouco elevada em relação ao nível médio das águas, sendo inundada quando o rio extravasa o seu canal
Pergunto 18	Transbordamento das águas de um curso-d'água, atingindo a planície de inundação ou área de várzea
Pergunta 19	Elevação do nível da água no canal de drenagem, devido ao aumento da vazão, atingindo a cota máxima do canal; porém, sem transbordamento
Pergunta 20	É aquele perfil que é traçado ao longo de um rio. Ele mostra as variações de altitude de montante para jusante
Pergunta 21	É aquele perfil que mostra as diferenças de altitude, transversalmente às formas de relevo, dentro de uma bacia hidrográfica
Pergunta 22	É a linha de maior profundidade no leito fluvial
Pergunta 23	Corredor ou depressão por onde passam as águas dos rios
Pergunta 24	É o ponto mais baixo a que o rio pode chegar
Pergunta 25	Processo de entrada de água nos solos. Com a vegetação ela pode aumentar
Pergunta 26	Processo em que a água da chuva fica retida nas plantas, quer sejam gramíneas ou árvores
Pergunta 27	Tem origem na evaporação, parte da água das chuvas se infiltra, outra se escoa e outra volta para a atmosfera
Pergunta 28	É a propriedade das rochas e solos de deixarem que se infiltre água
Pergunta 29	Processo no qual a água das chuvas não consegue se infiltrar
Pergunta 30	Formação de poças em razão da água das chuvas. Bem comum nas cidades, mas ocorre também nas áreas rurais

B. Regra do Jogo:

O professor deverá sortear uma pergunta, a qual deverá ser lida por ele em voz alta, de modo que todos os alunos possam ouvir.

Os alunos que possuam em sua tabela a palavra que responda a pergunta lida deverão marcá-la com um X. Esse procedimento deverá ser repetido até que todas as palavras da tabela do aluno estejam marcadas. O primeiro aluno que marcar todas as palavras deverá se manifestar dizendo a palavra BINGO para vencer o jogo.

3
A climatologia do risco: o processo formativo do professor e a transposição didática a partir da realidade vivida

Cristiane Cardoso
Professora da Universidade Federal Rural do Rio de Janeiro
cristianecardoso1977@yahoo.com.br

Michele Souza da Silva
Doutoranda da Universidade Estadual do Rio de Janeiro
michleal@hotmail.com

Introdução

O ensino da Geografia muitas vezes se torna bastante complexo e abstrato, fazendo com que muitos alunos não gostem dessa disciplina na escola. Os assuntos relacionados com a geografia física são frequentemente os grandes vilões; isto é, por geralmente serem tratados de forma tradicional, descritiva e meramente memorizáveis. Após a inserção da geografia crítica, a geografia humana passou a ter maior presença nas escolas, e a geografia física fica cada vez mais esquecida em sala de aula.

A climatologia é uma dessas temáticas. Percebe-se que muitas vezes seu ensino se dá de forma bastante tradicional ou, às vezes, não é sequer trabalhada pelo professor de Geografia. Os motivos são muitos, mas destaquemos o processo formativo do professor. Observa-se que a climatologia é lecionada no início do curso de licenciatura em geografia, na maior parte dos cursos analisados, como uma única disciplina obrigatória apenas, e não existe separação entre os conteúdos para bacharéis e licenciados.

As ementas abordam questões gerais da disciplina, isto é, os conceitos básicos, não permitindo aprofundamentos e/ou aplicações desse conteúdo com a realidade escolar.

Infelizmente, percebemos que isso afeta diretamente a população. Diversos fenômenos geográficos nos atingem, em especial na realidade do Rio de Janeiro — as chuvas concentradas da primavera e verão (outubro a fevereiro) —, causando sérios prejuízos humanos e materiais, e a população não está preparada para lidar com esses acontecimentos.

Esses fenômenos são tratados de forma simplificada, explicados de maneira errônea, como se o problema fosse um fenômeno esporádico, sensacionalista e, por vezes, culpando a sociedade pelas consequências. São as comunidades que estão em áreas de risco; portanto, precisam sair. E não tratam essa questão de forma política, de organização e planejamento do espaço urbano. Precisamos aprender a lidar com esses fenômenos que são típicos da nossa região e vão acontecer todo ano com maior ou menor intensidade, dependendo dos fenômenos associados. A educação para o risco poderia ser uma saída. E a Geografia deveria ter um papel fundamental nesse contexto.

Ao trabalhar em sala de aula os fenômenos — em especial os geomorfológicos e climatológicos associados à ação antrópica — que afetam nossos alunos, a Geografia Física se transforma em um conteúdo mais cognoscível, aplicado, contextualizado e fundamental para a compreensão dos processos atuantes e transformando nossos alunos em sujeitos capazes de compreender e agir perante os problemas que os afetam. O uso de diferentes linguagens também é fundamental para a sua abordagem. Percebemos que hoje é cada vez mais necessário o uso de múltiplas linguagens/instrumentos para o ensino (músicas, poesias, internet, maquetes, vídeos, jornais, revistas, entre tantas outras) como forma de trazer a realidade concreta para a sala de aula (Castelar, 2010; Queiroz e Cardoso, 2016).

Diante desse contexto, este artigo tem como objetivo analisar o processo formativo do professor de Geografia com ênfase na temática da climatologia dos riscos. Para isso buscamos compreender os principais currículos dos cursos de licenciatura em Geografia das universidades públicas do estado do Rio de Janeiro e analisar as práticas docentes por meio da inserção dessa temática no ambiente escolar, aplicada à realidade vivida de cada lugar.

46 • Geografia e os riscos socioambientais

E, ao final, lançamos algumas possibilidades de trabalho da climatologia na sala de aula mediante a realidade vivida.

Acreditamos que o ensino da climatologia pode se tornar mais atrativo, dinâmico e contextualizado. Abordar a realidade, compreendendo os fenômenos que nos atingem constantemente, é uma das possibilidades. Fica evidente que o ensino, quando trabalhado valorizando-se a vivência e a experiência do aluno e auxiliado por práticas capazes de reproduzir/simular problemas reais, torna-se um instrumento válido na construção da compreensão da realidade.

O processo formativo do professor de Geografia em climatologia e seus riscos

O processo formativo do professor se dá pelos diferentes saberes que vão sendo construídos ao longo da sua trajetória. Esses saberes são construídos a partir da sua experiência de vida, da sua formação inicial, das relações sociais que estabelecem ao longo da carreira, das questões políticas vigentes e da própria formação continuada que consegue realizar. São saberes que, segundo Tardif (2014), são "incorporados, modificados e adaptados em função dos momentos e fases de uma carreira, ao longo de uma história profissional onde o professor aprende a ensinar fazendo o seu trabalho".

Dessa forma, quando abordamos a questão curricular da formação inicial do professor, em especial o de Geografia, destacamos que essa seria apenas uma das situações que o influenciam ao selecionar os conteúdos e desenvolver suas práxis na sala de aula. Acreditamos que a formação inicial é fundamental para construir o profissional que irá atuar nas escolas. Imbernón (2010) destaca essa fase profissional:

> A formação inicial é muito importante, já que o conjunto de atitudes, valores e funções que os alunos de formação inicial conferem à profissão será submetido a uma série de mudanças e transformações em consonância com o processo socializador que ocorre nessa formação inicial. É ali que se geram determinados hábitos que incidirão no exercício da profissão (Imbernón, 2010).

A climatologia do risco • 47

Os cursos de licenciatura de acordo com as Diretrizes Curriculares Nacionais para a Formação de Professores da Educação Básica em Nível Superior trazem uma formação bastante fragmentada, pautada em uma carga horária mínima, que visa a uma educação profissionalizante. Muitas vezes o currículo reflete as famosas caixinhas do ensino e não conseguem se conectar com outras disciplinas nem com as práxis escolares. Macedo (2008) nos chama a atenção ao afirmar:

> [...] não basta ao professor ter o domínio de competências técnicas, as quais, embora necessárias e imprescindíveis, não garantem a formação de um profissional crítico, questionador e capaz de dialogar com os mais variados segmentos da sociedade (Macedo, 2008).

Para Queiroz e Cardoso (2016) "é necessário firmar o sentido de práxis pedagógica para que o professor reafirme sua prática de pensar, de criar, de refazer a leitura do mundo que o cerca, do papel da escola e da educação". Ainda para as autoras:

> A Geografia, em seu processo de desenvolvimento, consolidou teoricamente sua posição como ciência que busca conhecer e explicar as múltiplas dimensões que envolvem a sociedade e a natureza, o que pressupõe um amplo conjunto de interfaces com outras áreas do conhecimento científico. Compreender essa realidade espacial, natural e humana como uma totalidade dinâmica é um dos objetivos da área (Queiroz e Cardoso, 2016).

Diante disso, os currículos dos cursos de Geografia trazem uma realidade bastante complexa, diversificada, e precisam dar conta de uma formação plena do futuro professor. As Diretrizes Curriculares Nacionais específicas do curso de Geografia (Resolução CNE/CES 14/2002 e CNE/CES 492/2001) e as Diretrizes Curriculares Nacionais para a Formação de Professores da Educação Básica (Resoluções CNE/CES 1/2002 e 02/2002) destacam que o perfil do formando em Geografia deve estar atrelado à compreensão dos elementos e processos relacionados ao meio natural e ao meio construído

— que não devem ser vistos de forma fragmentada — e ao domínio e aprimoramento de diferentes abordagens científicas referentes ao processo de produção do espaço. Todavia, para tanto, é fundamental a compreensão de bases filosóficas, teóricas e metodológicas.

O currículo do curso de Licenciatura em Geografia precisa atender principalmente duas bases: uma conceitual e uma prática. Essas precisam ser conectadas para que o processo formativo não se dê nos modelos antigos nos quais se via toda a parte teórica e no último ano se falava de licenciatura (modelo 3+1). Consideramos a base conceitual o conjunto de disciplinas que dão sustentação aos conceitos e categorias da Geografia e da Licenciatura. Já por base prática consideramos aquilo que fundamenta os estágios, a práxis escolar e a vivência no futuro lócus de trabalho. Em conjunto com esses eixos existem os demais processos formativos, como projetos de pesquisa, iniciação à docência e outros programas.

Observamos que a maior parte dos currículos dos cursos de licenciatura em Geografia apresenta três núcleos principais vinculados a essas bases, variando a nomenclatura, mas para este artigo separamos da seguinte forma: 1) Núcleo de formação básica e específica, compreendido por disciplinas obrigatórias e optativo-eletivas da área de geografia que vão abordar a base conceitual nas diversas áreas de conhecimento que compõem a geografia (designado na Resolução CES 492/2001); 2) Núcleo da formação pedagógica que compreende as disciplinas pedagógicas voltadas para a formação do professor de Geografia e na sua atuação no contexto escolar; e 3) Núcleo da práxis escolar que visa a articular teoria e práxis, promovendo o ensino, a pesquisa e a extensão.

Dentro do núcleo de formação básica podemos perceber que normalmente existem as subdivisões clássicas: Geografia Física, Geografia Humana, Geografia Instrumental (cartografias, geoprocessamento e sensoriamento remoto, entre outras), Geografia Ambiental e o Ensino de Geografia. Cada curso acaba tendo uma direção maior ou menor para alguma dessas áreas.

Nosso foco neste artigo está justamente na Geografia Física, em especial numa de suas áreas clássicas, a Climatologia. A grade curricular dos cursos de Licenciatura em Geografia do Rio de Janeiro no que tange à área física é composta geralmente pelas disciplinas obrigatórias, como Geologia,

Climatologia, Geomorfologia, Hidrologia e Biogeografia, algumas incluindo o trabalho de campo. A nomenclatura pode variar, dependendo da instituição; por exemplo, Climatologia, Climatologia Geográfica ou Climatologia Geral. A estrutura curricular apresenta uma carga horária média superior a 200 horas de disciplinas optativo-eletivas para que o aluno possa direcionar a sua formação, numa proposta de autonomia curricular, em que o estudante pode direcionar seus estudos e construir a sua proposta de formação para determinada área do seu interesse. O **Quadro 3.1** apresenta as disciplinas vinculadas à área da Geografia Física nos principais cursos de Licenciatura do Estado do Rio de Janeiro.

Ao analisarmos as ementas das disciplinas de climatologia (com exceção do Curso de Licenciatura da UFRRJ — campus Seropédica, que possui Climatologia Geográfica e Aplicada), percebemos que praticamente todas têm a mesma carga horária de 60 horas, além de uma ementa muito parecida que inclui questões sobre noções gerais e princípios do funcionamento da atmosfera, abordagem sobre os fatores do clima e os elementos do tempo, distribuição dos climas pelo Brasil e mundo, circulação atmosférica. Na UFF temos a seguinte ementa para exemplificar:

Tempo e Clima — Métodos de análise climatológica e a Climatologia Geográfica. Composição e estrutura vertical da atmosfera. Balanço de energia no sistema terra-atmosfera. Pressão atmosférica, ventos e circulação geral. Fatores geográficos e influência sobre os elementos do clima. Ciclo da água na atmosfera. Massas de ar e frentes. Classificações climáticas e domínios climáticos do planeta. Sistemas atmosféricos e climas da América do Sul. Impactos do clima sobre a sociedade, impactos do homem sobre o clima: aquecimento global e mudanças climáticas.

Percebemos que as questões relacionadas às mudanças climáticas aparecem em algumas ementas; no entanto, de forma bastante vaga e imprecisa. O currículo oficial não traz a abordagem de uma climatologia aplicada à realidade do Rio de Janeiro nem aborda as questões relacionadas ao risco, à vulnerabilidade, resiliência e resistência da população frente aos desastres naturais decorrentes das questões climáticas. O currículo oculto pode até

Quadro 3.1 – Disciplinas vinculadas à Geografia Física nos Cursos de Licenciatura do RJ

UFRJ (1939)	UERJ – Maracanã (1944)	UERJ – FFP – São Gonçalo (1994)	UERJ – FEBEF Duque de Caixas (2004)	UFRRJ – Nova Iguaçu (2010)
Licenciatura e Bacharelado	Licenciatura e bacharelado	Licenciatura	Licenciatura	Licenciatura
Mestrado e Doutorado	Mestrado e Doutorado	Mestrado	–	Mestrado
Planeta Terra	Geologia Geral	Geologia	Geologia Geral	Elementos de Geologia
Fundamentos de Biogeografia	Biogeografia	Biogeografia	Biogeografia	Biogeografia I
Climatologia Geográfica	Climatologia I	Climatologia	Climatologia	Climatologia Geográfica
Geomorfologia Geral	Processos Geomorfológicos		Processos Geomorfológicos I	Geomorfologia Geral
		Geomorfologia Continental	Processos Geomorfológicos II	
	Geomorfologia Costeira	Geomorfologia Costeira	Processos Geomorfológicos III	
	Pedologia I	Pedologia		
	Hidrogeografia	Hidrologia		Recursos Naturais
Trabalho de Campo em Geografia Física	O Ensino da Geografia pelo Trabalho de Campo			
Oficina Didática em Geografia Física				Núcleo de Ensino, Pesquisa e Extensão em Geografia I
		Geografia Física e Geral do Brasil		
	Introdução à Geografia			

UFRRJ – Seropédica (2009)	UFF – Niterói (1947)	UFF – Campos dos Goytacazes	UFF – Angra dos Reis
Licenciatura e Bacharelado	Licenciatura e Bacharelado	Licenciatura e Bacharelado	Licenciatura
Mestrado	Mestrado e Doutorado	–	–
Geologia Geral	Geologia	Geologia	Geologia
Biogeografia	Biogeografia	Biogeografia	Biogeografia
Climatologia Geográfica	Climatologia	Climatologia	Climatologia
Geomorfologia Geral	Geomorfologia Geral		
Geomorfologia do Brasil aplicada ao ensino	Geomorfologia Continental	Geomorfologia Continental	Geomorfologia Continental
			Geomorfologia Costeira
	Pedologia	Pedologia	Pedologia
	Hidrogeografia	Hidrogeografia	Hidrologia
Geografia Física do Brasil	A natureza e sua dinâmica no Brasil		
Introdução às Geociências			
Biogeografia Básica			
Climatologia Aplicada			

Fonte: Dados coletados nos sites das Universidades relacionadas em abril de 2019. Compilação e organização das autoras.

A climatologia do risco • 51

trazer essas questões; porém, depende muito do professor que assume essa cadeira. Talvez esse seja um dos motivos para que essa temática seja tão difícil de ser abordada pelo professor no ensino básico.

A ementa da disciplina Climatologia da UERJ exemplifica essa questão:

> [...] tendências e problemas futuros resultantes dos impactos provocados por ações antrópicas sobre os elementos meteorológicos que poderão induzir alterações dos padrões climáticos em escala macro, meso e microclimática; importância do conhecimento dos estados do tempo para o planejamento ambiental; estabelecer uma relação entre os elementos do clima e o contexto das mudanças climáticas globais, resgatando o histórico dos estudos que estabeleceram relações entre o clima e a questão ambiental.

Ao serem abordadas as questões antrópicas, os riscos climáticos e os problemas associados não ficam destacados. Está implícito, mas o currículo fica claro quanto à abordagem dessa questão.

A carga horária destinada à disciplina não proporciona ou favorece uma formação sólida em climatologia. Os conteúdos são extensos e o professor acaba elaborando uma ementa que tenta desenvolver uma construção de conceitos, fenômenos básicos em climatologia. Então o processo formativo do professor se torna frágil. Quando o estudante de graduação tem interesse na temática, ele consegue realizar outras disciplinas relacionadas à climatologia, podendo se aprofundar nessa área. Mas essas disciplinas ficam a cargo do interesse do estudante, pois nem todos conseguem lecionar uma climatologia aplicada ou voltada para o ensino.

Outra questão a ser destacada é que dentro dos currículos não ocorre uma separação da disciplina para os discentes que cursam a licenciatura e o bacharelado. A disciplina é a mesma, não respeitando as particularidades temáticas e práticas de cada área (aplicação da disciplina para a área da licenciatura e para o bacharelado). Sabemos que cada vez mais é urgente a aplicação desses conteúdos para a realidade pratica do professor — necessidade destacada por muitos professores nas escolas. Dentro da licenciatura precisamos que essas disciplinas possam destinar um tempo para a aproximação dos diferentes tempos da escola e da universidade.

Segundo Silva e Cardoso (2018),

Na maioria das vezes o discente do Curso de Licenciatura em Geografia conclui o curso e fica com grandes dificuldades em Climatologia Geográfica, o que de certa forma irá refletir em sua prática como docente, já que só podemos ensinar o que de fato aprendemos. O caminho escolhido por esse professor de Geografia acaba sendo a aplicação dos conteúdos do livro didático, uma climatologia estática, abstrata e desconectada da realidade dos alunos (Silva e Cardoso, 2018),

Assim, nota-se a grande fragilidade do ensino de climatologia nas escolas. Um tema que é fundamental para compreendermos a nossa realidade, nosso clima, os problemas e prejuízos associados. Acreditamos que esse tema precise ser trabalhado nas escolas. A população precisa conhecer o seu lugar — as características geológicas, geomorfológicas, ambientais e climáticas — para saber lidar com ele. Viver sob o risco conhecendo e sabendo como agir já é o primeiro passo para a capacidade de sobrevivência e resiliência da população. A escola tem um papel importante nesse processo. O professor de Geografia mais ainda.

Estudando o clima para compreender a realidade vivida: a climatologia para além da sala de aula

A climatologia quando associada ao ambiente pode e deve ser utilizada para compreender a realidade vivida, pois vários fenômenos que ocorrem afetam a nossa organização no espaço e a qualidade de vida. Na sala de aula, a Climatologia Geográfica deve ser aplicada considerando a realidade dos alunos e a prática, sendo menos abstrata e compreensível (Silva e Cardoso, 2018a).

Para Dantas (2016) "o clima é um dos elementos importantes nas questões cotidianas e, também, nas questões ambientais. Os processos atmosféricos influenciam nos demais mecanismos do ambiente, principalmente na biosfera, hidrosfera e litosfera". Em razão da sua relevância para se entender a dinâmica da atmosfera e a interface com dinâmica terrestre, tais conteúdos não podem deixar de ser abordados nas aulas de Geografia, e devem até estar inseridos no processo formativo para a compreensão dos riscos, uma vez que os eventos climáticos, como as precipitações intensas, os ventos fortes e as secas, afetam com frequência o ambiente e, por extensão, a nossa vida.

Dessa forma, faz-se necessário ampliar e incluir uma climatologia na sala de aula que possa transcender a memorização, o conhecimento simplificado e genérico dos climas do Brasil e do mundo, e prezar por uma individualizada que considere a existência dos climas locais com uma escala menor de atuação dos fenômenos atmosféricos. Conforme já elaborado por Carlos Augusto Figueiredo Monteiro, o fundamento do ritmo climático, analisado a partir dos sucessivos tipos de tempo em uma escala diária, possibilita o entendimento do clima como fenômenos geográfico que interfere nas atividades humanas e na organização do espaço (Sant'Anna Neto, 2004).

Embora, atualmente, o ritmo climático esteja presente nas pesquisas de climatologia geográfica, assim como a interação clima e produção do espaço, vem sendo demonstrado a todo momento nos diversos trabalhos acadêmicos, principalmente nos relacionados ao clima urbano. O mesmo não ocorre na climatologia escolar, onde ainda se prioriza ensinar os conteúdos dissociados da relação homem-natureza, sobretudo trazer para o ensino de Geografia a compreensão climática da cidade, do bairro, da rua, a microclimatologia que pode ser fundamental para auxiliar o entendimento dos alunos sobre os elementos e fatores climáticos e aproximá-los do ambiente vivenciado.

Como exemplo, citamos o trabalho realizado por Silva e Cardoso (2018b) com os alunos do 6º ano do Ensino Fundamental no Colégio Pedro II, trabalhando com o microclima a partir do uso de instrumentos meteorológicos no espaço da escola, observando a variação na temperatura, umidade relativa do ar, velocidade dos ventos, as condições do tempo, possibilitando que eles percebessem que cada parte da escola mostrava variações que estavam associadas aos fatores geográficos e à construção e organização da infraestrutura do colégio.

Ao se considerar a necessidade de abordar os conteúdos do tempo e do clima nas aulas de Geografia, é importante estabelecer uma análise referente de como tais assuntos estão organizados na BNCC (Base Nacional Curricular Comum) para o 6º ano do Ensino Fundamental e nos livros didáticos. Cabe ressaltar que a BNCC para o Ensino Fundamental foi homologada em 22 de dezembro de 2017, e a adaptação dos livros didáticos à nova base deve ser realizada até o ano de 2021 (Brasil, 2017).

Na BNCC do Ensino Fundamental a climatologia faz parte do 6º ano, quando são abordadas as relações entre o espaço geográfico e a Geografia Física. Conforme o **Quadro 3.2**, podemos ver como ela está organizada de acordo com as unidades, objetos de conhecimento e habilidades.

Quadro 3.2 – A climatologia Geográfica no 6º ano do Ensino Fundamental na BNCC

Unidades temáticas	Objetos de conhecimento	Habilidades
Conexões e escalas	Relações entre os componentes físico-naturais	(EF06GE03) – Descrever os movimentos do planeta e sua relação com a circulação geral da atmosfera, o tempo atmosférico e os padrões climáticos
Conexões e escalas	Relações entre os componentes físico-naturais	(EF06GE05) – Relacionar padrões climáticos, tipos de solo, relevo e formações vegetais
Natureza, ambientes e qualidade de vida	Atividades humanas e dinâmica climática	(EF06GE13) – Analisar consequências, vantagens e desvantagens das práticas humanas na dinâmica climática (ilha de calor etc.)

Fonte: Brasil (2017). Compilação e organização das autoras (2019).

A partir da proposta apresentada na BNCC, a organização em planilha pode facilitar na visualização; porém, acaba simplificando em relação ao que o professor deve desenvolver em sala de aula. Algumas inserções podem ser vistas como positivas, como, por exemplo, a interação das atividades humanas nas dinâmicas climáticas, que são pouco abordadas em sala de aula, com assuntos que às vezes se tornam desconhecidos para os alunos, como as ilhas de calor dentro de um contexto de urbanização, considerando que a maior parte das escolas e da população está inserida em áreas urbanas. Contudo, apesar desse aspecto positivo, o conceito de risco não está inserido, uma vez que os processos de ordem climática são um dos maiores fatores que desencadeiam eventos como enchentes, movimentos de massa, inundações, tornados, ciclones, entre outros, e que afetam de

A climatologia do risco • 55

forma intensa a população, justificando-se a inserção do risco associado ao clima no currículo escolar.

Os livros didáticos são utilizados como um recurso didático e, às vezes, são o único recurso; daí a importância de estabelecer uma análise em relação aos conteúdo da Climatologia, identificando a estrutura geral e a organização dos tópicos no livro. Os dois livros selecionados são do 6º ano do Ensino Fundamental, sendo um o da *Coleção Para Viver Juntos*, do autor Fernando dos Santos Sampaio, de 2012, e o outro, *Jornadas.Geo*, dos autores Marcelo Moraes Paula e Ângela Rama, do mesmo ano. Ressalta-se que não é o objetivo deste trabalho desmerecer a obra dos autores, mas sim analisar o recurso em relação à climatologia e aos riscos associados. A organização dos livros pode ser observada nos **Quadros 3.3 e 3.4.**

Quadro 3.3 – Organização da Climatologia no livro didático *Coleção Para Viver Juntos*

Módulo	Tema do módulo	Conteúdos
1	A atmosfera terrestre	• Atmosfera • O tempo atmosférico e o clima • Previsão do tempo
2	Elementos atmosféricos	• A temperatura • As precipitações • Tipos de chuva • A pressão atmosférica e os ventos locais
3	Dinâmicas climáticas	• Circulação das massas de ar • Os climas do Brasil • Os climas da Terra • Os fatores do clima
4	Poluição atmosférica e suas consequências	• Chuva ácida • Inversão térmica • Destruição da camada de ozônio • Efeito estufa • Como evitar a contaminação atmosférica

Fonte: Sampaio (2012). Compilação e organização das autoras (2019).

O livro descrito no **Quadro 3.3** se encontra dividido por unidades, tendo um total de 4. Nessas unidades temos os módulos. A climatologia está inserida na unidade 3 com quatro módulos. Ela possui uma abordagem mais densa em relação aos conteúdos, trazendo mais conceitos. No **Módulo 1**, quando se fala de previsão do tempo, mostra-se que ela serve para prever eventos extremos, como tempestades, chuvas intensas, furacões, tornados, mas ao mesmo tempo não explica como esses fenômenos são formados.

O **Módulo 2** possui uma caixa de texto com o assunto sobre chuvas torrenciais e enchentes, utilizando uma fotografia ilustrativa de um episódio de enchente no município de São Paulo. Abaixo do texto explicativo existe uma atividade para os alunos com os seguintes questionamentos: I — Por que as chuvas torrenciais podem gerar enchentes? Cite exemplos desse tipo de chuva de que você já teve notícia; II — O que acontece quando há enchente em uma cidade? Normalmente qual é a população atingida? III — O que você pode fazer para evitar as enchentes?

É interessante esse tipo de destaque na unidade, uma vez que os assuntos associando o tempo e o clima com a ocorrência de eventos como as enchentes ainda é pouco trabalhado em sala de aula. No entanto, destacamos a necessidade de o professor trazer exemplos mais próximos dos alunos nas aulas e explicar melhor como ocorrem esses eventos de precipitações intensas e suas consequências. Com relação à pergunta sobre como a população é atingida, é assunto para uma abordagem mais à frente em um texto separado que disserta a respeito das pessoas que são mais atingidas por desastres naturais, associando isso às desigualdades sociais, utilizando como exemplo o desastre que ocorreu em Nova Orleans (EUA) com a passagem do furacão Katrina em 2005. É um texto muito importante que poderia estar junto com as perguntas da caixa de texto.

E não podemos deixar de destacar a necessidade de o professor não ter o livro como único recurso, considerando o 6º ano do Ensino Fundamental. Utilizar os conceitos com a escala local é relevante na aprendizagem do aluno; portanto, o professor deve, a partir do texto abordado no livro, desenvolver com os alunos uma análise do espaço vivido, dos desastres que ocorreram e que ocorrem no seu lugar.

A climatologia do risco • 57

Quadro 3.4 – Organização da Climatologia no livro didático *Jornadas.Geo*

Capítulo	Conteúdos
1. Tempo atmosférico e clima	• Tempo atmosférico • O clima.
2. Os fatores do clima	• Latitude • Altitude • Maritimidade e continentalidade • Correntes marítimas
3. Climas da Terra	• As zonas térmicas • Os tipos de clima
4. Clima e atividades humanas	• Clima e moradias • Clima e atividades
5. Mudanças climáticas e ações humanas	• Poluição do ar • Inversão térmica • Chuva ácida • Ilhas de calor • Destruição da camada de ozônio • Aquecimento global • Efeito estufa natural e adicional

Fonte: Paula e Rama (2012). Compilação e organização das autoras (2019).

O livro didático relacionado no **Quadro 3.4** possui a divisão por unidades, com 5. Os assuntos referentes ao clima estão inseridos nas unidades 3 e 4. De modo geral, a linguagem é clara e mais simplificada. Contudo, nota-se uma ausência dos conteúdos referentes aos eventos climáticos extremos, os riscos associados na unidade analisada. No capítulo sobre *clima* e *moradia*, os exemplos utilizados são a forma das casas e os telhados, adaptados para um clima frio, como na Suíça, e um clima mais quente e seco, como na Grécia; ou seja, representações de países distantes da realidade do aluno, quando poderiam ter sido utilizados exemplos de localidades no Brasil. O mesmo foi verificado na abordagem do clima com atividade econômica, com a demonstração do comportamento dos hábitos das pessoas durante o verão e inverno em Paris, na França.

Steinke e Fialho (2017) realizaram uma análise referente à climatologia em 40 obras didáticas e destacaram a ausência da relação dos conteúdos com a aplicabilidade no cotidiano dos alunos, o caráter descritivo, a fragmentação dos assuntos abordados, as escalas do clima que não são mencionadas. Na análise do dois livros didáticos apresentados nesse capítulo, a fragmentação é evidente, e, principalmente, se percebe que a climatologia é um dos últimos assuntos das sequências das unidades dos livros, ou seja, os alunos estudam o relevo, a hidrografia, os solos, sem antes entenderem os conceitos referentes ao tempo e clima, quando os elementos climáticos estão presentes, como agentes modeladores do relevo, na constituição hidrográfica e nos processos de formação dos solos e da vegetação.

Embora tenham sido destacados alguns aspectos negativos, os livros didáticos constituem uma importante fonte de leitura para os alunos e um dos recursos que podem ser utilizados em sala de aula. Críticas e sugestões são necessárias para que possamos avançar na qualidade da educação, sendo, portanto, mais que urgentes a inserção dos riscos socioambientais no material didático e a ampliação dessa discussão nas salas de aula de forma interdisciplinar e envolvendo toda a comunidade.

Existem diversas possibilidades de desenvolvimento dos riscos associados ao clima nas aulas de Geografia. As citadas neste capítulo podem e devem ser adaptadas à realidade escolar vivenciada pelo professor, que deve sempre mostrar a aplicabilidade no cotidiano do aluno e trabalhando com a escala mais próxima dos estudantes.

No ano de 2011 aconteceu um dos maiores desastres registrados: vários movimentos de massa e inundações na Região Serrana do Rio de Janeiro. As cidades de Nova Friburgo, Teresópolis e Petrópolis foram muito afetadas, com um total de 947 mortes, em um evento que ocorreu devido à precipitação intensa, acumulada em 241,8mm, favorecendo aos movimentos de massa (Dourado *et al.*, 2012)

As precipitações intensas são frequentes no município do Rio de Janeiro, (Dereczynski *et al.*, 2017). Análises dos índices pluviométricos entre 1881 e 1996 demonstraram que tais eventos de chuvas intensas que geram transtornos na cidade — alagamentos, enchentes e deslizamentos com perda de vidas e com muitas pessoas desabrigadas — são sazonais, associados a sistemas atmosféricos recorrentes, principalmente nos meses de verão e no fim dessa estação.

Diante disso, como esses eventos citados podem ser trabalhados nas aulas de Geografia? Primeiro, é importante que os conteúdos sobre os elementos e fatores climáticos estejam consolidados para os alunos. O professor poderá construir instrumentos meteorológicos com os alunos, e, junto com eles, realizar algumas medições e observações das condições do tempo.

Para entender como a precipitação é medida e o que representam os milímetros de chuva na realidade, é possível construir um pluviômetro de garrafa PET e colocar no espaço da escola, medindo a precipitação, posteriormente compreendendo quantos litros por metro quadrado representam os milímetros, algo que pode ser realizado de forma interdisciplinar com o professor de Matemática.

A análise histórica das precipitações intensas no Rio de Janeiro pode ser obtida por meio de documentos, artigos e reportagens, possibilitando que o professor realize as adaptações necessárias, e, junto com os alunos, estabeleça uma análise, verificando que tais episódios são recorrentes, podendo até elaborar um mapa, identificando quais bairros e zonas foram e são mais afetados, organizando por datas a ocorrência dos eventos extremos em conjunto com o professor de História, e, ao mesmo tempo, identificando as populações mais vulneráveis aos riscos, buscando entender como elas são afetadas, principalmente a partir das desigualdades sociais na organização do espaço urbano e nas ações do poder público nas regiões mais pobres.

Como tema de aula, é possível relacionar o clima com o estudo do relevo, uma vez que o relevo é um importante fator climático, e os elementos do clima como as precipitações, ventos e temperatura são agentes modeladores das formas de relevo. Os eventos extremos relacionados às precipitações e movimentos de massa são frequentes, conforme já mencionado neste capítulo, e, como exemplo, temos os movimentos de massa que ocorreram na Região Serrana em 2011. O professor pode trazer para as aulas de Geografia as informações da catástrofe e explicar para os alunos as causas e os processos envolvidos nos movimentos de massa, relacionando o relevo, os solos e o clima.

Assim, começamos a ensinar de forma significativa, com eventos que possam ser do conhecimento dos alunos, que muitas vezes eles ficam apenas com a informação da mídia. O ensino de Geografia deve ir além, trazendo o aprendizado empírico e teórico para a sala de aula.

Considerações finais

Ao longo deste artigo buscamos analisar alguns currículos dos Cursos de Licenciatura em Geografia das Universidades Públicas do Estado do Rio de

Janeiro. As disciplinas relacionadas à Geografia Física se apresentam através das disciplinas consideradas básicas (mesmo que com variações na nomenclatura): Geologia, Climatologia, Geomorfologia, Hidrologia, Biogeografia. Alguns apresentam uma carga horaria maior em Geomorfologia (geralmente a divisão costeira e continental), outros apresentam disciplinas relacionadas ao ensino (Nepes, Oficinas em Geografia física); porém, percebemos um peso significativo na geografia humana.

A Climatologia está presente em todos os currículos, numa carga horária de 60 horas, com exceção da proposta curricular do Curso da UFRRJ — Seropédica, que apresenta climatologia geográfica e aplicada. As ementas são bastante amplas, dando conta dos conhecimentos básicos necessários para a disciplina. No entanto, percebemos que não existe uma separação da Climatologia para bacharéis e licenciados, aspecto positivo por um lado, que não promove uma separação do conhecimento para as duas formações, mas, por outro lado, não consegue abordar as especificidades de cada área, como as atividades práticas para formação do professor, por exemplo.

Dentro das temáticas abordadas nos currículos, na Climatologia nos interessa muito a questão da educação para o risco. A compreensão dos fenômenos climatológicos, relacionados aos problemas socioambientais que podem ocasionar situações de risco para a população, aparece apenas em alguns momentos, quando o professor da disciplina resolve abordar a respeito. Assim, cabe ao professor da disciplina abordar ou não (currículo oculto).

O estado do Rio de Janeiro é frequentemente afetado por chuvas concentradas típicas da sua característica climática. Essas chuvas iniciam no período mais chuvoso (outubro — abril) e causam uma série de consequências para a população (deslizamentos, alagamentos, perdas materiais e humanas). Essa temática deveria ser parte da proposta curricular em todos os níveis: fundamental, médio e superior. Educar para o risco, e, no caso do Rio de Janeiro, para os riscos climáticos, auxiliaria no processo de resiliência e diminuição da vulnerabilidade da população.

Percebemos que o processo formativo do professor de Geografia na área de climatologia e especialmente para lidar com os riscos climáticos é bastante frágil nas propostas curriculares analisadas. Pode até estar presente no currículo oculto; porém, nas ementas não fica claro. O professor também não se sente preparado para lecionar alguns conteúdos, o que demonstra uma lacuna entre o conteúdo das universidades e das escolas.

Essa questão reflete diretamente no ensino dessa temática nas escolas. A climatologia escolar é bastante fragmentada, descontextualizada e descritiva. Começamos essa afirmação pautados na análise dos conteúdos da BNCC e na forma como esse assunto é tratado no livro didático. Percebemos nos livros didáticos analisados que esse conteúdo é um dos últimos assuntos da geografia física das sequências das unidades dos livros.

O resultado disso é um despreparo total da população para lidar com os eventos e riscos climáticos da nossa realidade. Despreparo que leva a cidade ao estado de caos quando ocorre um evento climático de intensidade um pouco maior; despreparo que pode levar a perdas humanas e materiais de grande porte.

Educação para os riscos climatológicos deveria estar presente em todos os níveis do ensino. Somente assim, a população poderia se preparar para esses fenômenos que estão se intensificando por conta das mudanças climáticas em curso.

Referências bibliográficas

BRASIL. *Parâmetros curriculares nacionais: Geografia/Secretaria de Educação Fundamental.* Secretaria de Educação Fundamental. Brasília: MEC/SEF, 1998. 156 p.

_____. "Decreto nº 981, de 08 de Novembro de 1890." *Decretos do Governo Provisório da República dos Estados Unidos do Brasil.* Congresso. Câmara dos Deputados. Rio de Janeiro: Imprensa Nacional, 1890.

_____. "Lei nº 9.394, de 20 de dezembro de 1996. Estabelece as diretrizes e bases da educação nacional". *Lei de Diretrizes e Bases da Educação.* Disponível em: <portal.mec.gov.br/seed/arquivos/pdf/tvescola/leis/lein9394.pdf.>. Acesso em junho de 2011.

_____. "Parecer do MEC/CNE nº 492, de 04 de julho de 2002. Diretrizes Curriculares Nacionais para os Cursos de Geografia." *Diário Oficial da União,* Poder Executivo, Brasília, 9 jul. 2001. Seção 1, p. 50.

_____. "Parecer CNE/CES nº 1.363, de 25 de janeiro de 2001. Retificação do Parecer CNE/CES 492/2001, que estabelece as Diretrizes Curriculares Nacionais para os Cursos de Geografia." *Diário Oficial da União*, Poder Executivo, Brasília, 29 jan. 2002. Seção 1, p. 60.

_____. "Resolução CNE/CES nº 14, de 9 de abril de 2002. Diretrizes Curriculares para os Cursos de Geografia." *Diário Oficial da União*, Seção 1, p. 33. Poder Executivo, Brasília, 9 de abril de 2002.

_____. "Resolução CNE/CP nº 1, de 18 de fevereiro de 2002. Diretrizes Curriculares Nacionais para a Formação de Professores da Educação Básica, em nível superior, curso de licenciatura (graduação plena)." *Diário Oficial da União*, Poder Executivo, Brasília, 9 abr. 2002. Seção 1, p. 31.

_____. *Resolução CNE/CP nº 2, de 22 de dezembro de 2017.* Resolução CNE/CP. Brasília, DF, 22 dez. 2017.

CARDOSO, C.; QUEIROZ, E. D. "Entre o ensino regular e o alternativo: uma reflexão sobre o ensino de Geografia nos cursos preparatórios para o ensino médio e nos pré-vestibulares comunitários." *In*: BEZERRA, A. C. A.; LOPES, J. J. M.; FORTUNA, D. (Orgs). *Formação de professores de geografia: diversidade, práticas e experiências*. Niterói: UFF, 2015. pp. 219-248.

CASTELLAR, S.; VILHENA, J. *Ensino de Geografia*. São Paulo: Cengage Learning, 2010.

DANTAS, S. P. "O Ensino de Climatologia Geográfica: uma abordagem de intervenção sobre os conceitos básicos de Clima e Tempo." *REGNE*, v. 2, n. Especial, pp. 1.378-1.390, 2016.

DERECZYNSKI, C. P.; CALADO, R. N.; BARROS, A. B. "Chuvas extremas no município do Rio de Janeiro: histórico a partir do Século XIX." *Anuário do Instituto de Geociências*. UFRJ, Rio de Janeiro, v. 40, pp. 17-30, 2017.

DOURADO, F.; ARRAES, T. C.; SILVA, M. F. "O megadesastre da região serrana do Rio de Janeiro — as causas do evento, os mecanismos dos movimentos de massa e a distribuição espacial dos investimentos de reconstrução no pós-desastre." *Anuário do Instituto de Geociências*. UFRJ, Rio de Janeiro, v. 35, pp. 43-54, 2012.

IMBERNÓN, F. *Formação docente e profissional: formar-se para a mudança e a incerteza*. São Paulo: Cortez, 2010.

MACEDO, J. M. *A formação do pedagogo em tempos neoliberais: a experiência da UESB*. Vitória da Conquista: Edições UESB, 2008.

QUEIROZ, E. D.; CARDOSO, C. "A construção de conhecimentos geográficos através do uso de diferentes linguagens." *In*: CARDOSO, C.; QUEIROZ, E. D. (Orgs.). *Rompendo os muros entre a Escola e a Universidade: teoria, práxis e o ensino de Geografia na educação básica*. Jundiaí: Paco Editorial, 2016.

PAULA, M. M.; RAMA, A. *Jornadas. Geo 6º ano*. São Paulo: Saraiva, 2012, 223 p.

SAMPAIO, F. S. *Para viver juntos, Geografia — 6º ano*. São Paulo: Edições Sm, 2012, 223 p.

SANT'ANNA NETO, J. L. "História da Climatologia no Brasil: gênese e paradigmas do clima como fenômeno geográfico." *Cadernos Geográficos. Florianópolis*, v. 1, n. 7, pp. 7-124, 2004.

SILVA, M. S.; CARDOSO, C. "A Climatologia Geográfica na formação e na prática do docente de Geografia." *In*: CARDOSO, C.; SILVA, M. S. *A Geografia Física: teoria e prática no ensino de Geografia*. Curitiba: Appris, 2018. pp. 125-142.a

SILVA, M. S.; CARDOSO, C. "A importância do uso de atividades práticas em Climatologia Geográfica no ensino de Geografia." *In: XIII Simpósio Brasileiro de Climatologia Geográfica. Anais...* Juiz de Fora: Abclima, 2018. pp. 1-10b.

STEINKE, E. T.; FIALHO, E. S. "Projeto coletivo sobre a avaliação dos conteúdos de climatologia nos livros didáticos dos 5º e 6º anos do Ensino Fundamental." *Revista Brasileira de Climatologia*, v. 20, n. 13, pp. 71-96, 2017.

TARDIF, M. *Saberes docentes e formação profissional*. Petrópolis, RJ: Vozes, 2014.

UERJ. <www.uerj.gov.br>. Acesso em abril de 2019.

UFF. <www.uff.br>. Acesso em abril de 2019.

UFRJ. <www.ufrj.br>. Acesso em abril de 2019.

UFRRJ. <www.ufrrj.br>. Acesso em abril de 2019.

4

As inundações e o papel formativo da Defesa Civil do Município de Nova Iguaçu (RJ)

Mariana Oliveira da Costa
Universidade Federal Rural do Rio de Janeiro (UFRRJ)
mari.oliveira1995@hotmail.com

Vilson Santos do Nascimento Júnior
Defesa Civil de Nova Iguaçu
firevilson@gmail.com

Camila de Assis Magalhães Frez
Defesa Civil de Nova Iguaçu
mila.451@gmail.com

Introdução

Ao pensarmos na problemática socioambiental urbana da região metropolitana do estado do Rio de Janeiro (RMRJ), podemos destacar que a ocorrência de inundações e alagamentos atingem anualmente diversos municípios, causando uma série de problemas e danos socioambientais.

Nesse sentido, entende-se que as inundações são eventos naturais que ocorrem nos cursos de água após períodos de chuvas intensas e rápidas ou chuvas prolongadas. Esse fenômeno é caracterizado pelo transbordamento das águas no percurso de água que atinge a planície de inundação, também conhecida como várzea, uma área que frequentemente será afetada pelo transbordo dos canais fluviais, sendo, portanto, inadequada para ocupação humana (Amaral e Ribeiro, 2009).

Esses fenômenos são parte da dinâmica das bacias hidrográficas e têm sua ocorrência explicada por fatores associados às características morfométricas da bacia, geomorfologia, pedologia e a climatologia, mas também podem ser induzidas pelo tipo de uso e ocupação do solo das planícies e das margens fluviais (Amaral e Ribeiro, 2009).

A partir disso, vale ressaltar que o processo de produção do espaço urbano do Rio de Janeiro e de outras metrópoles brasileiras resultou no uso e na ocupação de áreas ambientalmente frágeis, como as margens fluviais, para a construção de moradias e estradas. Botelho (2011) ressalta algumas das alterações realizadas nos canais fluviais para facilitar a ocupação urbana nas cidades por meio de obras de engenharia, como, por exemplo, a retificação de canais e a construção de aterros.

Em Nova Iguaçu, município da região metropolitana do estado do Rio de Janeiro, observamos que o contexto geomorfológico em que a cidade se insere e os altos índices pluviométricos registrados no verão associados às intervenções antropogênicas nos recursos hídricos contribuem para a ocorrência de inundações e a criação de áreas de risco.

Muitos são os desafios dos órgãos públicos para redução e prevenção dos riscos de inundação à população. Nesse contexto, destaca-se o papel que a Defesa Civil do Município de Nova Iguaçu desempenha na gestão de riscos de desastres, sendo responsável por elaborar o planejamento, a coordenação e a execução de ações que busquem prevenir e reduzir os danos.

Com isso, o objetivo central deste trabalho é apresentar o papel formativo que a Secretaria Municipal de Defesa Civil de Nova Iguaçu desempenha na redução dos riscos na cidade, enfatizando, principalmente, os trabalhos e as atividades desenvolvidas nas escolas municipais por meio da sensibilização de alunos, professores e funcionários sobre os riscos aos quais o município está sujeito, as formas de prevenção e a resposta imediata.

O município de Nova Iguaçu e os riscos de inundações

Nova Iguaçu é um município brasileiro pertencente à região metropolitana do estado do Rio de Janeiro e é uma das 13 cidades da Baixada Fluminense.

Segundo Simões (2011), a cidade de Nova Iguaçu também está inserida no que se chama de Recôncavo da Guanabara.

O município possui uma área territorial de 517,995km² (IBGE, 2016) e uma população estimada de 798.647 habitantes de acordo com o último censo proposto pelo Instituto Brasileiro de Geografia e Estatística (IBGE, 2017). A cidade possui uma significativa extensão territorial comparada às outras cidades pertencentes à Região Metropolitana do Rio de Janeiro, e a divisão administrativa do município se configura em Unidades Regionais de Governo (URG).

Em relação ao cenário geomorfológico, Nova Iguaçu se insere no contexto de Baixada Fluminense, e essa denominação pode ser entendida quando consideramos os aspectos naturais, visto que essa região é considerada uma baixada por estar localizada em meio ao grande contraste altimétrico entre o Maciço do Tinguá na borda da Serra do Mar, localizado ao norte, e o Maciço do Gericinó-Mendanha, ao sul (Simões, 2011).

Por estar num contexto de baixada, essa região possui susceptibilidade natural a inundações e enchentes, uma vez que as águas provenientes dos maciços convergem e escoam para a parte mais baixa da bacia hidrográfica. Além disso, as áreas de planície do município concentram um alto grau de urbanização, apresentando um adensamento populacional e ocupação das margens dos rios, conforme mostra a **Figura 4.1** do caderno de imagens.

Veja a Figura 4.1 do caderno de imagens — Ocupação urbana e assoreamento de um trecho do rio Botas, no bairro de Comendador Soares, Nova Iguaçu, RJ.

A ocupação nas bordas dos canais desencadeou numa devastação da mata ciliar — que tem o papel de infiltrar a água da chuva e reduzir a entrada de sedimentos que possam contribuir para o assoreamento dos rios. Esse processo de assoreamento contribui para a degradação dos corpos hídricos e pode reduzir a sua capacidade de vazão, facilitando a ocorrência de inundações.

Histórico da Defesa Civil

O surgimento da Defesa Civil no mundo tem suas bases históricas na Segunda Guerra Mundial, que, por suas características, provocou a destruição de cidades, atingindo milhões de civis e causando um colapso generalizado. Assim, após ser bombardeada entre 1940 e 1941, a Inglaterra criou a primeira estrutura, denominada *Civil Defense*, com o objetivo de organizar os serviços e a população para ações preventivas e de redução das consequências causadas pelos bombardeios (Ministério da Integração Nacional).

No Brasil não foi diferente: em 1942, após o afundamento dos navios militares Baependi, Araraquara e Aníbal Benévolo no litoral de Sergipe, do vapor Itagiba no litoral da Bahia e do cargueiro Arará — esse último causando a morte de 30 pessoas —, foi criada uma estrutura denominada Serviço de Defesa Passiva Antiaérea, que no ano seguinte foi transformado no Serviço de Defesa Civil, sob a supervisão da Diretoria Nacional do Serviço da Defesa Civil do então Ministério da Justiça e Negócios Interiores (Ministério da Integração Nacional).

Desde então, as estruturas e ações relacionadas à proteção e defesa civil vêm evoluindo no Brasil e no mundo. Hoje, podemos destacar como maior referência mundial nesse assunto o Marco de Sendai (2015-2030). No Brasil, a política e o sistema nacional de proteção e defesa civil são definidos pela Lei Federal n. 12.608, de 10 de abril de 2012, onde são estabelecidos deveres, ações, competências, estruturas e responsabilidades nos três níveis de governo (federal, estadual e municipal).

Na cidade de Nova Iguaçu, registros históricos apontam que o serviço de defesa civil teve origem por meio da Lei Municipal n. 966, de 07 de janeiro de 1985, que criou a Coordenadoria Municipal de Defesa Civil.

Proteção e defesa civil na cidade de Nova Iguaçu

A atual Secretaria Municipal de Defesa Civil (SMDC) foi estruturada em janeiro de 2017 e desde então promove ações que visam à redução do risco de desastres na cidade, que apresenta sua maior vulnerabilidade associada às chuvas intensas com casos recorrentes de inundações, alagamentos e deslizamentos.

Dividida em uma assessoria (Meteorologia) e três superintendências (Engenharia, Operações e Proteção Comunitária), a SMDC desenvolve suas atividades pautada nas ações estabelecidas pela Política Nacional de Proteção e Defesa Civil que "[...] abrange as ações de prevenção, mitigação, preparação, resposta e recuperação" (Brasil, 2012).

Nesse sentido, é importante relatar que Nova Iguaçu, desde outubro de 2017, participa da campanha Cidades Resilientes: Minha Cidade está se Preparando, onde o município se comprometeu, junto ao Escritório das Nações Unidas para a Redução do Risco de Desastres (UNISDR/ONU), em seguir dez diretrizes essenciais para a redução do risco de desastre.

Entre as diversas atribuições da Secretaria, cabe à Superintendência de Proteção Comunitária a responsabilidade de desenvolver projetos e ações para integração com os diversos setores da sociedade, assim como a preparação de voluntários e comunidades vulneráveis a desastres, promovendo uma cultura de prevenção e de maior resiliência na cidade.

Como destaques podemos citar o Projeto Comunidades Resilientes, o Centro de Treinamento para Emergências e Desastres, a Rede de Voluntários e o Projeto Escolas Seguras — Desenvolvendo a Resiliência Através da Educação.

Projeto Escolas Seguras — Desenvolvendo a Resiliência Através da Educação: o papel formativo nas unidades escolares

O Marco de Sendai (2015) declara que a educação — formal e informal — para promover a compreensão do risco de desastres deve incorporar o assunto de modo que as pessoas entendam o perfil de risco de sua vizinhança e de seu local de trabalho e compreendam qual é a melhor forma de proteger seus bens e seus meios de subsistência, além de si próprios.

Em consonância com o supracitado, foi criada pela própria ONU, por intermédio da UNISDR (Escritório das Nações Unidas para a Redução do Risco de Desastres), a Iniciativa Mundial para Escolas Seguras, que, além de estabelecer três pilares como referência de ações, promove a integração entre diversos países com o objetivo de compartilhar experiências e multiplicar soluções. Essa aliança global concluiu que os pilares que referenciam e definem uma escola segura são:

- Instalações seguras dos prédios escolares conforme legislações e normas vigentes relacionadas à prevenção e redução de riscos (infraestrutura resiliente a desastres);
- Unidades escolares preparadas para situações de emergência por meio de capacitação e treinamento de alunos, professores e funcionários com um Plano de Contingência estabelecido e consolidado de forma integrada (as atividades devem incluir exercícios simulados de desocupação da escola);
- Inclusão dos temas relacionados à prevenção e redução de riscos de desastres no currículo escolar (educação de resiliência em desastres).

No Brasil, a Lei n. 12.608, de 10 de abril de 2012, estabelece no seu Art.29, §7º, que: "Os currículos do ensino fundamental e médio devem incluir os princípios da proteção e defesa civil e a Educação Ambiental de forma integrada aos conteúdos obrigatórios" (Brasil, 2012).

Com essas bases, o Projeto Escolas Seguras — Desenvolvendo a Resiliência Através da Educação (ES-Drae) foi criado e é coordenado pela Secretaria Municipal de Defesa Civil de Nova Iguaçu (SMDC) em parceria com a Secretaria Municipal de Educação (Semed). O Projeto, que é realizado desde 2017, ocorre na rede de ensino municipal com objetivo de desenvolver uma cultura de prevenção e percepção de riscos e desastres na comunidade escolar e, por consequência, em toda a cidade, elevando a resiliência e reduzindo os riscos. A dinâmica do projeto ocorre da seguinte forma:

- Realização de vistoria técnica para avaliação dos riscos presentes no prédio escolar com geração de documento contendo a descrição detalhada desses riscos, assim como as recomendações para adequação da escola às normas de segurança contra incêndio e pânico;
- Realização de oficinas e palestras de forma simultânea nas quais as turmas são divididas e seguem um sistema de rodízio entre oficinas

e palestras em períodos de 40 minutos e são desenvolvidas por diferentes instituições relacionadas à prevenção e redução de desastres, abordando o que são áreas sujeitas a inundações e quais medidas devem ser tomadas em um evento de inundação;

- Essa etapa ocorre em três dias consecutivos objetivando impactar o aluno, promovendo uma mudança cultural, além de fazê-lo adquirir novos conhecimentos. As instituições participantes, além da Defesa Civil, são o Corpo de Bombeiros Militar do Estado do Rio de Janeiro, o Centro de Estudo e Pesquisa sobre Desastres (CEPEDES) da Universidade Estadual do Rio de Janeiro (UERJ), o Departamento de Recursos Minerais do Estado do Rio de Janeiro (DRM) e a Guarda Ambiental da Secretaria Municipal de Meio Ambiente, Agricultura, Desenvolvimento Econômico e Turismo (SEMADETUR);

- Preparação de todo o corpo escolar — alunos, professores e funcionários — para uma situação emergencial na escola, onde os agentes de Defesa Civil ensinam e treinam os protocolos de desocupação coordenada de emergência. Esse treinamento tem a duração de um dia.

- Realização de exercício simulado como etapa final do projeto com a desocupação de emergência do prédio escolar coordenada inteiramente pela direção e pelos professores e funcionários da escola sob supervisão dos agentes da Defesa Civil, que avaliarão o nível de organização e o tempo da operação.

O projeto, apesar de possuir uma forma já estabelecida, com atividades comuns em todas as Unidades de Ensino, adota como uma de suas principais estratégias o estudo de ameaças e vulnerabilidades peculiares à escola e à região onde ela se localiza. Essa medida visa a aproximar o aluno da sua realidade, fazendo com que ele perceba de forma mais eficaz os riscos que o cercam.

Assim, por exemplo, em uma escola localizada em uma região com riscos de ocorrência de inundação, todas as oficinas desenvolvem suas ações tendo esse risco como ponto central. Além disso, os alunos são incentivados a interagir relatando suas experiências com o fenômeno, o que torna mais fácil a compreensão dos assuntos relacionados à prevenção e preparação para emergências e desastres.

Durante a programação do Projeto nas escolas municipais, o Centro de Estudo e Pesquisa sobre Desastres (CEPEDES) da Universidade Estadual do Rio de Janeiro (UERJ) realiza uma atividade dinâmica com os alunos através do uso de uma caixa de areia (**Figura 4.2**) onde é possível visualizar os diferentes contrastes do relevo, destacando as porções mais elevadas e íngremes e as de baixada. A partir daí, os alunos recebem explicações sobre as áreas que correm risco de inundações e deslizamentos de encostas. Veja a Figura 4.2 do caderno de imagens — Equipe do CEPEDES realizando a atividade da caixa de areia na Escola Municipal Padre Agostinho Pretto, em Nova Iguaçu, RJ

Além dessas atividades, a Defesa Civil distribui para toda a comunidade escolar a cartilha *Comunidade Mais Segura: Mudando hábitos e reduzindo riscos de movimentos de massa e inundações*. Esse material lúdico e informativo foi elaborado pela Companhia de Pesquisa de Recursos Minerais (CPRM) e pelo Departamento de Recursos Minerais do Rio de Janeiro (DRM-RJ) e tem como proposta transmitir os conhecimentos básicos sobre desastres naturais, principalmente os movimentos de massa e as inundações.

Posto isso, entre 2017 e 2018, o Projeto alcançou cerca de sete mil alunos e setecentos professores e funcionários de forma direta, mostrando-se como uma importante ferramenta na construção de uma sociedade cada vez mais consciente e participativa nas ações e iniciativas globais de desenvolvimento da cultura de prevenção e redução de desastres.

A meteorologia no contexto da Defesa Civil

A compreensão dos fenômenos meteorológicos que originam elevados acumulados de precipitação tem adquirido grande importância tanto no âmbito acadêmico como no operacional, sendo alvo de frequentes estudos com a finalidade de aprimorar a previsibilidade de futuros episódios e mitigar seus impactos.

Chuvas intensas podem deflagrar inundações e enxurradas, entre outros eventos, e com isso causar sérios danos à população; principalmente à parcela mais carente que, em geral, se encontra em situação de maior vulnerabilidade.

No Brasil, mais de 80% dos desastres naturais são desencadeados por fenômenos meteorológicos (Pielke e Carbone, 2002). Segundo dados do Banco de Dados (EM-DAT) do Centro para Pesquisa em Epidemiologia de Desastres (CRED), apenas no período entre 2000 e 2015 ocorreram no Brasil 72 desastres naturais relacionados às chuvas intensas, deixando um total de 2.642 mortos e mais de 7 milhões de afetados com prejuízos exorbitantes.

Dentre as medidas voltadas para a redução dos riscos de desastres ambientais, os sistemas de previsão e monitoramento da precipitação são fundamentais para a identificação de condições favoráveis à ocorrência de potenciais eventos causadores de desastres e essenciais para a veiculação adequada de avisos e a adoção antecipada de estratégias em prol da minimização e mitigação dos impactos negativos desses fenômenos.

A Defesa Civil municipal tem papel fundamental na vinculação da previsão do tempo e de avisos e alertas à população. A partir da confecção e divulgação da previsão do tempo, realizada diariamente pelo meteorologista, são feitos o planejamento e a mobilização da equipe de Defesa Civil e dos demais órgãos competentes. Esses, juntamente com o meteorologista responsável, permanecem em regime de plantão 24 horas, acompanhando a evolução das condições atmosféricas e a possível confirmação da previsão realizada.

Dessa forma, a previsão do tempo permite organizar e preparar a equipe, elucidando os dias que estão mais propensos à ocorrência de chuvas intensas na região. Detectada, na previsão do tempo, a possível ocorrência de fenômeno meteorológico adverso surge a necessidade de elaboração de um aviso meteorológico de mau tempo contendo as condições meteorológicas esperadas, as regiões propicias à ocorrência de tal fenômeno e os possíveis impactos esperados no período de vigência do referido aviso.

O monitoramento meteorológico, peça fundamental dentro da esfera da Defesa Civil, permite o acompanhamento da evolução das condições meteorológicas já previstas. O alerta é emitido no decorrer do monitoramento meteorológico, quando permanecem as condições de chuvas intensas, havendo previsão de eventuais alterações, no município, proporcionando, assim, risco potencial de ocorrência de desastres na região.

A contribuição formativa da meteorologia nas unidades escolares do município de Nova Iguaçu

A meteorologia estuda todos os fenômenos que ocorrem na atmosfera, e entender esses fenômenos e quais são os riscos envolvidos é fundamental para a sua prevenção. No Projeto Escolas Seguras, a equipe de meteorologia apresenta às crianças e aos adolescentes noções básicas de meteorologia.

Nesse sentido, uma das variáveis estudadas e monitoradas é a precipitação. No decorrer das atividades, os alunos aprendem que a chuva pode ser medida pelo pluviômetro e entendem como o cálculo do acumulado pluviométrico é realizado. Explicada a importância de tal instrumento meteorológico, os alunos percebem que é possível confeccionar um pluviômetro caseiro com materiais que podem ser encontrados em seu dia a dia.

Sendo assim, utilizando uma garrafa pet, um pedaço de tela e uma régua ou um adesivo com a milimetragem, os alunos confeccionam junto à equipe de meteorologia os instrumentos que ficarão em sua residência. Assim, os alunos podem utilizar o pluviômetro para monitorar e compreender qual o índice pluviométrico capaz de ocasionar alagamentos e inundações em seu bairro.

As capacitações são fundamentais para o correto funcionamento das ações da Defesa Civil, demonstrando à comunidade escolar a importância de se estar preparado para o enfrentamento de eventuais situações como inundações, por exemplo. Com isso, desejamos que, ao capacitar os alunos das escolas municipais, divulguemos o conhecimento e propaguemos a informação em seus lares e seu círculo familiar.

Na oficina de confecção de pluviômetro caseiro realizada na Escola Municipal Monteiro Lobato com alunos do ensino fundamental, em novembro de 2018, observamos que os estudantes se disponibilizam voluntariamente a entrar em contato com a Defesa Civil, informando os índices de chuva alcançados em suas residências, o que demonstra um interesse desses alunos na atividade desenvolvida.

Considerações finais e algumas das perspectivas para o ensino de Geografia

Apresentaremos nessas considerações finais algumas sugestões de assuntos que professores de Geografia podem incluir durantes suas aulas, visando a uma aproximação com temas abordados durante as atividades do Projeto Escolas Seguras associados aos riscos socioambientais, à prevenção e redução de riscos de desastres e à percepção do risco,

Sendo assim, partiremos da ideia de que a geografia escolar deve estar interessada em levar aos estudantes uma consciência espacial dos elementos e dos fenômenos presentes em seu cotidiano, em que o ensino-aprendizagem sobre os conteúdos revele um sentido à vivência e ao contexto dos estudantes. Dessa forma, Cavalcanti (2002) argumenta que o ensino de Geografia deve:

> [...] continuar a investir, teórica e praticamente, no sentido de tornar cada vez mais possível uma educação geográfica escolar que ajude os alunos a se instrumentalizarem para enfrentar melhor, com mais competência e com mais convicção e consciência, os problemas da vida cotidiana.

Nesse sentido, por exemplo, conteúdos da Geografia voltados para questões e impactos ambientais permitem estabelecer conexões com a realidade vivida e ao cotidiano dos alunos, ao abordar os problemas das inundações urbanas, da poluição dos rios, dos deslizamentos de encostas. Em muitos casos, os estudantes podem se identificar com esses assuntos na medida em que já vivenciaram algum desses eventos ou quando pelo menos já ouviram falar a respeito na televisão.

Com isso, espera-se que o professor de Geografia explore nesses assuntos os principais riscos socioambientais aos quais o entorno da sua escola está sujeito; os problemas causados pelas inundações; como se prevenir em situações de risco; a importância do descarte correto do lixo doméstico e industrial. Esses temas podem ser trabalhados em forma de oficinas, confecção de maquetes e de mapas mentais.

Além disso, esses professores podem realizar debates e trabalhos que abordem o papel que a Defesa Civil desempenha em reduzir e prevenir os

As inundações e o papel formativo da Defesa Civil do Município de Nova Iguaçu (RJ)

riscos de desastres nas cidades; a importância dos mapas e da cartografia para esse órgão; os riscos de ocupar e morar em áreas de encostas e margens de rios, entre outros.

Com base na atividade de confecção de pluviômetros caseiros realizado pela Defesa Civil municipal nas escolas contempladas pelo Projeto Escolas Seguras, os professores podem auxiliar os alunos a monitorarem e manusearem os pluviômetros, solicitando que registrem os dados de chuva, fazendo, portanto, que aquela oficina ofertada pela DC seja aproveitada inteiramente.

Outra questão interessante está relacionada aos temas de aula de Cartografia. Através do conteúdo da cartografia social, os professores podem pedir para que seus alunos façam mapas mentais sobre o entorno de suas casas, e a partir daí possam explorar a percepção de risco deles sobre o espaço que vivem, apontando se existem ou não problemas socioambientais.

Diante disso, esperamos que o papel formativo desenvolvido pela Defesa Civil no Projeto Escolas Seguras possa impulsionar e propagar dentro das escolas os debates relacionados aos riscos socioambientais do município de Nova Iguaçu, estimulando a percepção de risco dos alunos e construindo uma escola segura e resiliente a desastres.

Referências bibliográficas

AMARAL, R.; RIBEIRO, R. R. "Inundações e Enchentes." In: TOMINAGA, L. K; SANTORO, J. AMARAL, R. *Desastres Naturais: conhecer para prevenir.* São Paulo: Instituto Geológico, 2009.

BOTELHO, R. G. M. "Bacias hidrográficas urbanas." *In*: GUERRA, A. J. T. *Geomorfologia Urbana.* Rio de Janeiro: Bertrand Brasil, 2011.

BRASIL. *Lei federal nº 12.608 de 10 de abril de 2012.*

_____. *Histórico da Defesa Civil.* Ministério da Integração Nacional. Disponível em: <http://www.integracao.gov.br/defesa-civil/apresentacao/293--secretaria-nacional-de-protecao-e-defesa-civil/5950-historico-da--defesa-civil>. Acesso em 15 de maio de 2019.

_____. *Plano de Manejo da Reserva Biológica de Tinguá.* Ministério do Meio Ambiente (MMA), Instituto Brasileiro do Meio Ambiente e dos Recursos Naturais Renováveis — Ibama. Brasília, 2006.

CAVALCANTI, L. S. "Concepções teóricas e elementos da prática de ensino de Geografia." *In*: Cavalcanti, L. S. *Geografia e práticas de ensino*. Alternativa, 2002.

INSTITUTO BRASILEIRO DE GEOGRAFIA E ESTATÍSTICA — IBGE. *População de Nova Iguaçu, Infográficos*. Disponível em: <https://cidades.ibge.gov.br/painel/painel.php?codmun=330350>. Acesso em 10 de maio de 2019.

PIELKE JR., R. A.; CARBONE, R. "Weather Impacts, Forecasts and Policy: an Integrated Perspective." *Bulletin of the American Meteorological Society*, v. 83, n. 12, pp. 393-402, 2002.

SIMÕES, M. R. *Ambiente e sociedade na Baixada Fluminense*. Entorno, Mesquita: 2011.

UNISDR. *Escritório das Nações Unidas para a Redução do Risco de Desastres*. Disponível em: <https://www.unisdr.org/>. Acesso em 10 de maio de 2019.

5

As potencialidades e dificuldades da abordagem de conteúdos geomorfológicos no Ensino Básico

Ana Camila da Silva
Universidade Federal do Rio de Janeiro
camilainhan@gmail.com

Luana de Almeida Rangel
Universidade Federal do Rio de Janeiro
luarangel24@gmail.com

Introdução

É inegável a relevância dos estudos geomorfológicos para a compreensão do espaço geográfico. Identificar as potencialidades e vulnerabilidades de um compartimento do relevo permite a ocupação adequada, a redução dos riscos socioambientais, a realização de atividades econômicas e, consequentemente, o melhor desenvolvimento das sociedades (Giddens, 1991; Beck *et al.*, 1994; Veyret e Richemond, 2007; Freitas e Coelho Netto, 2016). Nesse sentido, compreender os processos de formação e transformação das paisagens, à luz do modelado terrestre, é essencial para a formação do cidadão.

Apesar da sua importância, a Geomorfologia ainda é pouco explorada no ambiente escolar e nos livros didáticos. Quando abordada, normalmente limita-se a apresentar as formas do relevo em macroescala, estando desconectada de temas como hidrologia, clima, uso e cobertura da terra. Essa prática reproduz a visão fragmentada de conteúdos geográficos e se afasta de uma abordagem metodologicamente sistêmica. Como consequência, temas associados aos riscos socioambientais, como, por exemplo, deslizamentos e perda da qualidade dos solos por erosão, quase não são debatidos em sala de aula.

Torres e Santana (2009) destacam a importância da apropriação e do conhecimento de temas associados a riscos socioambientais e à Geomorfologia pela sociedade. As autoras afirmam que é essencial perceber os componentes envolvidos na dinâmica de produção das paisagens e do modelado que observamos no cotidiano e, que muitas vezes, desconhecemos sua origem e como essas formas de relevo afetam nossas vidas enquanto indivíduos e sociedade.

Antes de iniciarmos o debate sobre a importância da abordagem de conteúdos geomorfológicos em sala de aula, acreditamos ser necessário pontuar sua natureza. A Geomorfologia é a ciência responsável pela análise da gênese e da evolução das formas de relevo na superfície terrestre, sendo essas formas resultantes dos processos atuais e pretéritos endógenos e exógenos (Christofoletti, 1980; Summerfield, 1991; Marques, 1994) e influenciadas por eventos naturais ou antropogênicos (Bloom, 1996).

Na Geografia Escolar, a Geomorfologia enfrenta inúmeros desafios relacionados à abordagem do conteúdo, à ausência de conteúdos nos livros didáticos, à dificuldade de realização de trabalhos de campo e atividades práticas, entre outros. Procuramos elucidar alguns pontos importantes que refletem na abordagem diminuta de conteúdos geomorfológicos.

Alguns fatores podem explicar a carência do ensino geomorfológico no ambiente escolar. O primeiro não é exclusivo da Ciência Geomorfológica, mas, sim, da defasagem do currículo dos Cursos de Licenciatura em Geografia das universidades brasileiras, que na maioria das vezes foi construído tendo como base o curso de bacharelado. Sobre esse aspecto, Pereira (1999) destaca que a: "licenciatura é inspirada em um curso de bacharelado, em que o ensino do conteúdo específico prevalece sobre o pedagógico, e a formação prática assume, por sua vez, um papel secundário".

Alves e Souza (2015) ressaltam que as dificuldades para o ensino da geografia física se iniciam nos anos iniciais, visto que, durante esse período, a principal preocupação é o letramento. Diante disso, diversos autores (Callai, 2005; Straforini, 2008; Alves e Souza, 2015) ressaltam a importância de estimular nos alunos a percepção espacial a partir das suas realidades, ou seja, das suas espacialidades durante os anos iniciais.

Ademais, verifica-se que a abordagem dada à Geografia Física no Ensino Básico é muito limitada. Nos Parâmetros Curriculares Nacionais (PCN) do Ensino Fundamental, os conteúdos da Geografia Física se restringem ao 6º ano do Ensino Fundamental, sendo retomados no 1º ano e condensados no 3º ano do Ensino Médio (Brasil, 2000; 2013). Após as recentes mudanças na Base Nacional Comum Curricular (BNCC), que reduziu os tempos de Geografia no Ensino Médio e atrelou a Geografia às Ciências Humanas, os riscos de não abordagem de aspectos físicos se intensificam (Portela, 2018). Não duvidamos se Geografia é uma Ciência que tem na relação do homem com o meio o seu objeto de estudo. Nas palavras de Moreira (2007), "a relação homem-meio é o eixo epistemológico da Geografia. Entretanto, para adquirir uma feição geográfica, a relação homem-meio deve se estruturar na forma combinada da paisagem, do território e do espaço". Sendo assim, o importante é que não haja a perda da identidade da disciplina de Geografia.

Outro ponto que prejudica a abordagem de temas geomorfológicos no ambiente escolar é o distanciamento entre o conteúdo geográfico ensinado nos ensinos superior e básico. A ausência de diálogo entre a teoria ensinada nas universidades e a prática realizada nas escolas é amplamente abordada por Cavalcanti em seus estudos (1998, 2011). A autora afirma que:

> [...] a Geografia escolar é o conhecimento geográfico efetivamente ensinado, veiculado, trabalhado em sala de aula. Para sua composição concorrem a Geografia acadêmica, a didática da Geografia, a Geografia da tradição prática. Essa composição é feita pelos professores no coletivo, a partir de conhecimentos construídos, e que é extremamente significativa na decisão sobre que conteúdos ensinar; nesses momentos têm papel relevante as crenças adquiridas no plano do vivido pelo professor como cidadão, o conjunto de concepções, crenças adquiridas na vida, incluindo aí a formação profissional universitária, a formação contínua mais institucionalizada, as práticas sociais, as práticas de poder, a prática instituída na própria escola (Cavalcanti, 2011).

Sobre o ensino de Geomorfologia, Souza e Sena (2017) afirmam que a disciplina se encontra em um campo de conhecimento específico dentro das Geociências. Logo, o distanciamento entre as áreas de conhecimento pedagógico e específico existente na formação docente e a ausência de discussões sobre o currículo dialogando com estudo de casos e aproximando o conteúdo abordado da realidade do aluno evidenciam problemáticas no processo ensino-aprendizagem.

Além dos pontos supracitados, a questão que permeia a Geografia Física nas universidades acaba sendo refletida no ambiente escolar. Na maioria dos currículos dos cursos de licenciatura em Geografia, as disciplinas de interface pedagógica e ambiental são praticamente inexistentes. As disciplinas de temática ambiental não possuem a mesma abordagem dada nos cursos de bacharelado. Cavalcanti (2011) alerta para "mesma racionalidade fundamentando a formação dos profissionais, qualquer que seja sua modalidade, bacharelado ou licenciatura". A autora afirma que mesmo após a implementação das normas federais do Conselho Nacional de Educação para a formação de professores da educação básica, ocorrida em 2000, ainda é possível encontrar, em uma mesma universidade, curso de Bacharelado que apresenta mais destaque do que o curso de Licenciatura.

A defasagem da verticalização geomorfológica no currículo das licenciaturas não deixa de ser um reflexo das dificuldades de se visualizar uma Geografia Física solidamente construída sob o ponto de vista teórico e que responda pela interpretação conjuntiva da natureza (Suertegaray, 2009). De acordo com a autora, um dos pesquisadores que mais se aproxima de uma definição da Geomorfologia centrada nos propósitos geográficos e passível de ser transportada ao ambiente escolar é Birot em seu clássico texto *Precis de Géographie Physique Génerale*, sendo o responsável por referenciar a Geografia Física como "epiderme da Terra" e, ainda, propondo sua interpretação através do conceito de paisagem e sistemas de erosão.

Assim, as análises de Suertegaray (2009) sobre as volubilidades conceituais na Geografia Física, a própria compartimentação científica da modernidade, que sustentam o paradoxo na Geografia enquanto ciência da unidade (entre natureza e sociedade) ou ciência fragmentada (Geomorfologia, Climatologia, Biogeografia etc.) nos permite compreender as defasagens na formação docente e a falta de base adequada para abordar temas de ordem ambiental e instrumental — erosão e degradação dos solos, hidrologia, climatologia, cartografia, entre outras, enquanto unidade e, portanto, objeto e propósito geográfico — no ensino básico.

Diante disso, como é possível ensinar de forma adequada a Geomorfologia para alunos do Ensino Básico se não conseguimos superar a defasagem da formação do professor de Geografia? De que forma o aluno irá compreender a importância dos eventos geomorfológicos para sua formação cidadã? Para a Geografia o estudo do relevo é fundamental no entendimento e espacialização das práticas sociais, assim como as limitações e consequências nas alterações da paisagem. Dessa forma, enquanto não formos capazes de romper com a ideia da Geomorfologia como apenas uma subárea da Geografia, continuaremos a camuflar para nossos alunos a integridade e a potencialidade do raciocínio geográfico.

A relevância do ensino de processos geomorfológicos na construção crítica de um cidadão

A crescente demanda das discussões e práticas inerente às questões ambientais traz à tona um panorama mais integrador no ensino da Geografia. A temática ambiental pode ser retratada como o eixo que reconcilia os conhecimentos da Geografia Física e da Geografia Humana uma vez que eles se articulam a partir da perspectiva na qual a natureza não é isolada do homem, separada da sociedade (Santos, 2007). As atuais demandas sociais e políticas referentes à temática ambiental incluem o *modus operandi* frente aos riscos naturais.

As áreas de risco são definidas como áreas suscetíveis à ocorrência de fenômenos ou processos naturais ou induzidos que causem acidente (Ministério das Cidades, 2007). A parcela da sociedade brasileira que se inclui nessa categoria se torna sujeita a danos contra sua integridade física e as perdas ou danos humanos e materiais. A Base Territorial Estatística de Áreas de Risco com publicação em razão da parceria IBGE-Cemaden estimou que, no espaço amostral de 872 municípios monitorados nas cinco regiões brasileiras, a população aproximada em áreas de risco alcançava, em 2010, 8.270.127 habitantes e 2.471.349 domicílios particulares permanentes (IBGE, 2018).

Esses dados explicitam a urgente demanda de abordar, no ambiente escolar, conteúdos curriculares relacionados a processos geomorfológicos, hidrológicos, climáticos, entre outros. Conhecer os processos que atuam na natureza pode contribuir para que a sociedade se resguarde de fatalidades que tão frequentemente ocorrem, especialmente em áreas de ocupação desordenada (Afonso, 2015). Ademais, esses estudos fortalecem movimentos sociais e políticos participativos, visando a soluções estruturais, de planejamento urbano e que pressionem a viabilidade de assentamento de famílias residentes fora dos polígonos espaciais tidos como áreas de risco.

Alguns desastres naturais recentes, e/ou provocadas por práticas humanas, de dimensões catastróficas não nos fogem da memória e acumulam centenas de vítimas fatais, imensuráveis perdas econômicas e, o mais relevante, a impossibilidade de as vítimas retomarem o curso normal de suas vidas após tais ocorrências. Diante de furacões, terremotos, vulcões e deslizamentos, a fragilidade do ser humano frente às forças da natureza fica evidente. No Brasil, o evento de chuvas extremas na região serrana do Rio de Janeiro entra na triste lista das maiores catástrofes ambientais do país e do mundo. As consequências ambientais e perdas sociais desses eventos ainda não são exatamente mensuráveis. O evento de 11 e 12 de janeiro de 2011, como relacionado pelos pesquisadores na área, desencadeou aproximadamente 3.600 deslizamentos na região serrana do Rio de Janeiro. Como consequência, foram levadas a óbito mais de mil pessoas, além dos severos danos na infraestrutura rural e urbana dos municípios de Nova Friburgo, Teresópolis, Petrópolis, Sumidouro e Bom Jardim (Avelar *et al.*, 2013; Coelho Netto *et al.*, 2013).

A tragédia que envolve o rompimento de barragens de rejeitos de atividades de mineração, como a do Fundão, em Mariana-MG, no ano de 2015, e o recente rompimento da barragem em Brumadinho-MG, em janeiro de 2019, trazem à tona a fragilidade e perdas socioambientais de grande magnitude e em escala espacial. A parcela da sociedade que depende direta e indiretamente dos elementos naturais das regiões atingidas passa a depender das exaustivas negociações e discussões técnicas e jurídicas envolvendo entidades governamentais e empresas envolvidas, na certeza de que nenhuma compensação financeira preenche as perdas e tão pouco devolve a normalidade à sua rotina.

Dessa forma, a Geografia enquanto disciplina científico-escolar parece ocupar um lugar privilegiado nessa tarefa ao se apresentar como um meio de atingir a compreensão do sistema terrestre, tendo como foco de análise as relações entre sociedade e natureza e suas inter-relações espaciais (Bertolini, 2010). Cabe nessa discussão elucidar o papel da Geomorfologia e a natureza de sua abordagem sistêmica no tocante à formação de um aluno crítico frente aos riscos socioambientais e, portanto, apto a praticar sua cidadania. As análises que negam a relevância do entendimento das dinâmicas naturais na discussão de temas geográficos são irresponsáveis e constituem um equívoco (Afonso, 2015).

Do ponto de vista sistêmico, a ciência geomorfológica, quando bem trabalhada em sala de aula, é de grande valia para entender o comportamento e as inter-relações dos processos internos (tectônicos) e externos (climáticos e antrópicos) que dão forma à superfície terrestre. Para tal, vários elementos ambientais se envolvem neste processo, tais como o clima, a vegetação, os solos e a geologia, sendo eles diretamente relacionáveis com as práticas humanas que jamais podem ser apenas decorativas nas análises ambientais. O homem é parte integrante da natureza, de sua evolução e transformação e, portanto, faz parte do sistema geomorfológico, podendo afetar seu equilíbrio e sua dinâmica (Christofoletti, 1980).

Embora não seja algo simples, o desafio que o ensino de Geomorfologia representa pode contribuir muito para a formação de cidadãos ambientalmente responsáveis, ou seja, que se preocupam e saibam prognosticar os resultados das intervenções humanas e sociais sobre o meio ambiente. Para que isso ocorra de maneira efetiva é preciso fomentar práticas pedagógicas que promovam um olhar (geo)científico nas escolas, objetivando uma visão integrada da realidade socioambiental como suporte à análise de problemas a partir de relações existentes, na abordagem de fenômenos, numa escala que parte do local e que se relaciona com uma percepção de interação global pelo aluno (Santos e Jacobi, 2011).

Cavalcanti (1998) ressalta a relevância da disciplina de Geografia para a formação cidadã dos estudantes do Ensino Básico. De acordo com a autora, o "pensar geográfico" auxilia na formação da vida social dos indivíduos, pois contribui para contextualização e compreensão da dinâmica dos processos espaciais.

Entendemos que as atividades que busquem romper com o cotidiano de sala de aula precisam, antes de tudo, estar próximas da realidade vivida pelo aluno, dentro de seu contexto social e, principalmente, vinculadas às suas práticas diárias, podendo ser exemplificadas como a segurança de sua moradia, o ir e vir da casa para a escola ou lugares de interesse, segurança de seus espaços de lazer, atividades de sustento de sua família, necessidades básicas de subsistência, reconhecimento e apropriação do meio em que vive enquanto seu lugar.

A busca pela identidade do aluno é algo a ser perseguido. Essa relação proximal do aluno e sua reflexão constante sobre o espaço vivido devem ser exploradas na prática da Geomorfologia, em sala de aula. Suertegaray *et al.* (2000) propõe que o ensino da Geografia Física e portanto os componentes curriculares que se propõem à análise dos elementos naturais que compõem o planeta Terra devem partir da apropriação do conceito de lugar como o espaço vivido e de expressão das relações da comunidade com o seu meio, e, ainda, de como as relações sociais determinam a especificidade dos lugares.

Assim, o levantamento, a investigação e o estudo de problemas socioambientais locais, por parte dos docentes e discentes, favorecem a produção de conhecimentos articulados, singulares e originais. A partir do local surgem novas possibilidades de produzir novos saberes, novas posturas e novas condutas (Santos, 2011).

Essa visão crítica se opõe à maneira na qual os conteúdos geomorfológicos são organizados nos livros didáticos. Ao lançar um olhar analítico quanto à abordagem dos materiais didáticos referente aos processos geomorfológicos, é possível perceber que tanto o tempo histórico quanto o geológico é trabalhado de forma superficial (Bertolini, 2010; Bertolini e Valadão, 2009). Cabe ao professor contextualizar a Geomorfologia de maneira integrada aos componentes que constituem o ensino da Geografia, sua escala de análise e sua interface com o espaço vivido do aluno, assim como com o contexto socioambiental no qual ele se inclui.

Nesse sentido, para o ensino da Geomorfologia, é necessário adaptar os conteúdos apresentados nos livros didáticos utilizando materiais e instrumentos lúdico-pedagógicos, visto que a maior parte dos livros didáticos aborda os conteúdos da Geografia Física de forma limitada e não integrada. Bertolini e Valadão (2009) ao analisarem a abordagem do relevo em 11 livros didáticos de Geografia aprovados pelo PNLD 2005 constataram que existem diversas defasagens na utilização dos conceitos e na visão sistêmica de interação relevo, clima, solo, vegetação e hidrografia principalmente em áreas urbanas. De acordo com os autores:

> Quase nunca o relevo é associado ao espaço físico dos sítios urbanos e às transformações decorrentes das distintas lógicas e interesses de ocupação e apropriação desse espaço. Nas grandes cidades é como se o relevo não existisse (Bertolini e Valadão, 2009).

É evidente que a interdisciplinaridade das atividades propostas, aliada à utilização de temas transversais e ao desenvolvimento de trabalhos transdisciplinares que evidenciem a realidade do aluno, facilitará a formação de indivíduos mais completos e comunidades mais ativas ambientalmente, reforçando, assim, a relevância do ensino de Geomorfologia no Ensino Básico.

Análise crítica da aplicação de atividades práticas (lúdico-pedagógicas) e saídas a campo na abordagem geomorfológica no Ensino Básico

Os métodos de análise através da observação em campo sempre foram essenciais para a construção das bases da ciência geográfica, introduzindo nela o caráter empirista enquanto ciência (Alentejano e Rocha Leão, 2006). No âmbito escolar, os referidos autores pontuam que as dificuldades de articular a teoria e a prática podem estar relacionadas com o perfil do profissional da área, que, embora pregue em seu discurso uma visão integradora, na prática reflete a dicotomia Geografia Física e Geografia Humana. Assim, na maioria das vezes, o professor acaba por limitar sua visão a uma abordagem eminentemente social ou natural sobre os fenômenos manifestados na superfície terrestre.

A partir disso, a necessidade de integrar conteúdos físicos, naturais e sociais é essencial para a construção do pensamento geográfico e da construção social dos alunos. Morais (2011) ao analisar as temáticas da Geografia Física como conteúdo da Geografia escolar destaca a necessidade de:

> Abordar as temáticas físico-naturais do espaço geográfico de modo que o relevo, as rochas e os solos, por exemplo, sejam vistos tanto em sua origem e dinâmica (partindo de uma perspectiva processual em que se busca responder ao porquê da forma) quanto em sua relação com o social, tendo como referência a propriedade privada, relacionando-a ao poder aquisitivo da população, ao desenvolvimento do meio técnico e informacional e ao acesso a este (Morais, 2011).

Segundo Campiani e Carneiro (1993), o trabalho de campo desempenha quatro funções importantes:

> (I) ilustrativa, visando ilustrar os conceitos aprendidos nas salas de aula;
> (II) motivadora, visando à motivação para estudo de temas específicos;
> (III) treinadora, objetivando desenvolvimento de uma habilidade técnica;
> e (IV) geradora de problemas, auxiliando na resolução ou proposição de um problema (Campiani e Carneiro, 1993).

Souza (2009) afirma que os estudantes de graduação em Geografia consideram a Geomorfologia uma disciplina difícil, pois, segundo a autora, os alunos não têm grande habilidade de visualização espacial. A dificuldade de compreensão dos conceitos durante a formação básica escolar também é um problema para o aprendizado de conteúdos geomorfológicos. Ademais, Souza destaca como preocupante a dificuldade de visualização espacial de elementos do modelado representados em três e duas dimensões.

Podemos perceber dificuldades semelhantes em alunos do Ensino Fundamental. A utilização de imagens é um recurso essencial para ensino de conteúdos geomorfológicos; porém, a dificuldade de abstração para compreender os diferentes planos de uma imagem e identificar o volume de uma forma de relevo, por exemplo, é um desafio corriqueiro nas aulas de Geografia.

Reynolds e Peacock (1998, *apud* Bertolini 2010) destacam que a utilização de imagens facilita a observação e reflexão dos alunos sobre o meio ambiente no qual eles estão inseridos, auxiliando no desenvolvimento de habilidades de visualizacão espacial. De acordo com Seabra e Santos (2004), "a habilidade ou inteligência espacial envolve pensar em imagens, bem como a capacidade de perceber, transformar e recriar diferentes aspectos do mundo visual e espacial".

Entendemos que a utilização de imagens e outros recursos visuais são de extrema importância para o ensino de Geografia. Porém, alguns aspectos só são realmente compreendidos pelos alunos nas atividades práticas e nas saídas de campo. Durante esses momentos, a curiosidade dos alunos é estimulada; eles vivenciam as paisagens e, consequentemente, os fenômenos que as constroem e alteram. Para confecção de atividades avaliadoras formais, como, por exemplo, exercícios e provas, a utilização de exemplos vistos durante práticas de campo permite melhor assimilação do conteúdo, facilitando, assim, o processo ensino-aprendizagem.

Nesse sentido, estimular a sensibilização dos estudantes, tirando-os da zona de conforto e do confinamento do ambiente escolar a partir de vivências do bairro ou entorno da escola, são estratégias essenciais para desenvolver a leitura crítica do espaço geográfico. A partir dessa leitura, os alunos poderão exercer sua cidadania, compreendendo e transformando sua própria realidade. Portanto, concordamos com Springer e Soares (2016), que destacam que "o trabalho de campo como prática de ensino é indispensável, pois é através dessa prática que a escola se abre para o seu entorno".

Além disso, "o brincar" e atividades lúdicas são essenciais principalmente nos primeiros anos do Ensino Fundamental. A Geomorfologia pode utilizar diversas estratégias como atividades práticas e que estimulem a criatividade e o "querer científico" nos alunos, como, por exemplo, experiências com tinta produzida a partir de diferentes tipos de solo; como a erosão age nos diferentes tipos de solo e outras atividades amplamente realizadas por projetos de extensão (Programa Solo nas Escolas da UFPR, Solo na Escola da Esalq-USP).

Diante da lacuna na abordagem lúdica e prática de conteúdos geomorfológicos, diversos autores propõem estratégias para abordar esses conteúdos, seja utilizando recursos práticos e lúdicos, adaptando textos acadêmicos para o ambiente escolar, ou propondo atividades interdisciplinares (Torres e Santana, 2009; Bertolini, 2010; Silva e Ramalho, 2011; Afonso, 2015; Rangel *et al.*, 2016a; Rangel *et al.*, 2016b).

Portanto, a realização de atividades de campo e de atividades práticas e lúdicas auxilia não só na compreensão da paisagem, mas também permite ao aluno a aproximação com outras realidades.

Conclusões

O propósito dessa discussão não foi estabelecer um número de atividades a serem praticadas em sala de aula no ensino de Geografia e que garanta o maior envolvimento dos conceitos geomorfológicos. Entendemos que as atividades lúdico-pedagógicas já vêm sendo ampla, mas não suficientemente, discutidas em obras como Quadros *et al.* (2016); Rangel *et al.* (2016); Oliveira e Mattos (2015); Verona (2014); Holgado e Rosa (2012); Morais (2011); Bertolini (2010), entre muitos outros, nas seções relacionadas ao Ensino de Geomorfologia e de Solos em eventos científicos, nos livros de práticas e ensino em Geografia, além de programas de extensão em universidades voltados para a Educação Ambiental em escolas.

Nosso objetivo inclui o reforço da riqueza conceitual, processual e analítica que a Geomorfologia, sustentando a capacidade metodológica de abordar a natureza em uma perspectiva sistêmica, contribui para o desenvolvimento de competências e habilidades no cumprimento das exigências curriculares em Geografia, tanto no Ensino Superior quanto no Ensino Básico.

Para desenvolverem o raciocínio geográfico, os alunos precisam ser estimulados a pensar espacialmente, o que envolve a utilização de conceitos não exclusivos à Geografia, mas também das demais disciplinas curriculares. Ao exercitar o pensamento espacial, a última atualização da BNCC (MEC, 2018), propõe princípios que garantam as conexões existentes entre os componentes físico-naturais e as ações antrópicas. Diante desses princípios, como analogia, conexão, diferenciação, distribuição, extensão, localização e ordenamento dos fenômenos geográficos e suas complexidades no espaço terrestre, muitos geógrafos consideram a natureza, por si só, sistêmica.

Dessa maneira, propomos que os componentes curriculares que perfazem a Geografia no Ensino Básico utilizem a Geomorfologia a partir de seu método sistêmico de análise da natureza para executar os procedimentos teórico-práticos no ambiente escolar.

A Geomorfologia não precisa estar anunciada em todos os seguimentos do Ensino Básico para que sua importância seja alcançada. Uma das grandes contribuições dessa ciência é estimular a capacidade de os alunos compreenderem as unidades temáticas que compõem o compromisso de atingir a progressão de habilidades no que pertence à Geografia. Embora os objetos de análise exclusivos à Geomorfologia estejam anunciados de maneira fragmentada ao longo das etapas a serem cumpridas pelos alunos no Ensino Básico, muito dessa fragmentação está predisposta na maneira com a qual o docente enxerga a Geografia, herança de uma dicotomia ainda tão presente nos currículos dos cursos superiores.

Como professoras e pesquisadoras, enxergamos na prática pedagógica em sala de aula que os alunos são mais responsivos ao ensino da Geografia quando os aproximamos mais das atividades experimentais em campo, fazendo uso de tecnologias ou abordagens simples que os tirem da rotina e que os encorajam a analisar o espaço sob diversos ângulos e, principalmente, quando incluímos a temática ambiental e análise da natureza.

Acreditamos que o futuro não só da Geomorfologia, mas da Geografia, tanto como disciplina escolar, quanto carreira acadêmica, pode ter sua identidade comprometida ao serem atreladas, na nova BNCC, ao bojo das Ciências Humanas, podendo restringir a abordagem Geomorfológica em sala de aula e, consequentemente, a integração de conteúdos relacionados à Geologia, Pedologia, Hidrologia, entre outros. Esses novos fatos merecem reflexão e amplo debate e apesar de as disciplinas escolares agrupadas na área de Ciências Humanas terem no homem seu objeto comum de análise, há distâncias teóricas, epistêmicas e metodológicas entre elas. E no que concerne à Geografia, nosso objeto de análise não é puramente humano. Ademais, a abordagem reduzida e a não abordagem dos conteúdos geomorfológicos nos livros didáticos prejudicam o ensino e a formação dos alunos.

Cabe a nós, professores de Geografia, nos posicionarmos e fazermos frente a essas transformações unilaterais que alteram o processo de

As potencialidades e dificuldades da abordagem de conteúdos geomorfológicos...

ensino-aprendizagem. Para tal, é necessário reforçarmos a importância da Geografia como ciência desde o Ensino Básico, aproximando cada vez mais a Geografia Escolar da Acadêmica, pois o futuro da Geografia nas universidades depende da continuidade da Geografia nas escolas.

Referências bibliográficas

AFONSO, A. E. "Perspectivas e possibilidades do ensino e da aprendizagem em Geografia Física na formação de professores." Rio de Janeiro. Tese de Doutorado (Geografia). Programa de Pós-Graduação em Geografia, Universidade Federal do Rio de Janeiro, 2015.

ALENTEJANO, P. R. R.; ROCHA-LEÃO, O. M. "Trabalho de campo: uma ferramenta essencial para os geógrafos ou um instrumento banalizado?" *Boletim Paulista de Geografia*, São Paulo, n. 84, pp. 51-67, 2006.

ALVES, A. O.; SOUZA, M. I. A. "A Geografia nos anos iniciais: a leitura integrada da paisagem para a construção de conceitos dos conteúdos relevo-solo-rocha." *Revista Brasileira de Educação em Geografia*, Campinas, v. 5, n. 10, pp. 277-299, 2015.

AVELAR, A. S.; COELHO NETTO, A. L.; LACERDA, W. A.; BECKER, L. B.; MENDONÇA, M. B. "Mechanism of the Recent Catastrophic Landslides in the Mountainous Range of Rio de Janeiro, Brazil." *In*: MARGOTTINI, C.; CANUTI, P.; SASSA, K. (Orgs.). *Landslide Science and Practice*, 1ª ed., Springer—Verlag, v. 4, Global Environmental Change, pp. 265-270, 2013.

BECK, U.; GIDDENS, A.; LASH, S. (Orgs.). *Reflexive Modernization: Politics, Traditions Aesthetics in the Modern Social Order*. Cambridge Press. 1994.

BERTOLINI, W. Z. "O ensino do relevo: noções e propostas para uma didática da geomorfologia." Minas Gerais. Dissertação (Mestrado), Programa de Pós-Graduação do Departamento de Geografia, Universidade Federal de Minas Gerais, 2010.

BERTOLINI, W. Z.; VALADÃO, R. C. "A abordagem do relevo pela geografia: uma análise a partir dos livros didáticos." *TERRÆ DIDATICA*, v. 5, n. 1, pp. 27-41, 2009.

BLOOM, A. *La Superfície de la tierra*. Barcelona: Ed. Omega, 1996.

BRASIL. *Base Nacional Comum Curricular. Proposta preliminar, segunda versão, revista. 2016.* Ministério da Educação. Disponível em: <www. basenacionalcomum.mec.br>. Acesso em 10 de setembro de 2018.

_____. *Diretrizes Curriculares Nacionais Gerais da Educação Básica. Brasília: MEC, SEB, DICEI, 2013.* Ministério da Educação. Secretaria de Educação Básica. Diretoria de Currículos e Educação Integral. Disponível em: <portal.mec.gov.br/docman/abril-2014-pdf/15547-dietrizes--curricularesnacionais-2013-pdf>. Acesso em 20 de setembro de 2018.

_____. *Parâmetros Curriculares Nacionais (Ensino Médio). Parte IV — Ciências Humanas e suas Tecnologias.* Brasília — DF, 2000. Ministério da Educação. Secretaria de Educação Básica. Disponível em: <portal. mec.gov.br/seb/arquivos/pdf/blegais.pdf>. Acesso em 10 de jan. 2019.

CALLAI, H. C. "Aprendendo a ler o mundo: A Geografia nos anos iniciais do Ensino Fundamental." *Cadernos Cedes*, Campinas, v. 25, n. 66, pp. 227-247, 2005.

CAMPIANI, M.; CARNEIRO C. D. R. "Investigaciones y experiências educativas: os papeis didáticos das excursões geológicas. Ensenanza de las Ciências de la Tierra, pp. 90-97, 1993

CAVALCANTI, L. S. *Geografia, escola e construção do pensamento*. Campinas: Papirus, 1998.

_____. "O lugar como espacialidade na formação do professor de geografia: breves considerações sobre práticas curriculares." *Revista brasileira de educação em geografia*, v. 1, n. 2, pp. 1-18. Rio de Janeiro, 2011.

CHRISTOFOLETTI, A. *Geomorfologia*. São Paulo: Edgard Blücher Ltda., 1980.

COELHO NETTO, A. L.; SATO, A. M.; AVELAR, A. S.; VIANNA, L. G. G.; ARAÚJO, I. S.; FERREIRA, D. L. C.; LIMA, P. H.; SILVA, A. P. A.; SILVA, R. P. "January, 2011: The Extreme Landslide Disaster in Brazil." *In*: Margottini, Claudio; Canuti, Paolo; SASSA, Kyoji (Orgs.). *Landslide Science and Practice.* Berlim: Springer Berlin Heidelberg, v. 6, pp. 377-384, 2013.

FREITAS, L. E.; COELHO NETTO, A. L. "Reger o córrego Dantas: uma ação coletiva para enfrentamento de ameaças naturais e redução de desastres socioambientais." *Ciência & Trópico*, Recife, v. 40, n. 1, pp. 165-190, 2016.

GIDDENS, A. *As consequências da modernidade*. São Paulo: Edusp. 177 p. 1991.

HOLGADO, F. L.; ROSA, K. K. "Praticando a geomorfologia dentro e fora da sala de aula: uma experiência com alunos do ensino fundamental." *Revista GEOMAE: Geografia, meio ambiente e ensino*, v. 3, n. 2, pp. 87-97, 2012.

INSTITUTO BRASILEIRO DE GEOGRAFIA E ESTATÍSTICA — IBGE. *População em áreas de risco no Brasil*. Coordenação de Geografia, Rio de Janeiro: IBGE, 2018.

MARQUES, J. S. "Ciência Geomorfológica." *In*: GUERRA, A. J. T.; CUNHA, S. B. (Orgs). *Geomorfologia: uma atualização de bases e conceitos*. Rio de Janeiro: Bertrand Brasil, 1994.

MORAIS, E. M. B. "O ensino das temáticas físico-naturais na geografia escolar." 2011. 309 f. Tese (Doutorado). Departamento de Geografia da Faculdade de filosofia, ciências e letras da Universidade de São Paulo. São Paulo, 2011.

MOREIRA, R. *Pensar e ser em geografia: ensaios de história, epistemologia e ontologia do espaço geográfico*. São Paulo: Contexto: 2007.

OLIVEIRA, S. A. MATTOS, R. A. "A questão ambiental, o estudo das alterações tecnogênicas e as possibilidades de inovação e conteúdo: uma experiência no estágio supervisionado." *Giramundo*, v. 2, n. 4, pp. 135-142. Rio de Janeiro, 2015.

PEREIRA, J. E. D. "As licenciaturas e as novas políticas educacionais para a formação docente." *Revista Educação & Sociedade*, ano XX, n. 68, pp. 109-125, 1999.

PORTELA, M. O. B. "A BNCC para o ensino de geografia: a proposta das ciências humanas e da interdisciplinaridade." *Revista OKARA: Geografia em debate*, v. 12, n. 1, pp. 48-68, 2018. ISSN: 1982-3878.

QUADROS, L. S.; SARTORI, J. E.; NASCIMENTO, N. R. "Adaptação e aplicação de experimento de erosão do solo em escola pública: reflexões didático-pedagógicas." *Terræ Didatica*, v. 12, n. 3, pp. 231-239. Disponível em: <http://www.ige.unicamp.br/terraedidatica>.

RANGEL, L. A.; TAVARES, A. C. A.; FRANCO, C. O.; LOURENÇO, J. S. Q.; ZANI, M. V. "Adaptação de um texto acadêmico sobre solos urbanos para o Ensino Fundamental." *In*: *Anais do VIII Simpósio Brasileiro de Educação em Solos*. São Paulo: USP, 2016a.

_____. "O lúdico no ensino de geomorfologia e de solos." *In*: *Anais do VIII Simpósio Brasileiro de Educação em Solos*. São Paulo: USP, 2016b.

REYNOLDS, S. J.; PEACOCK, S. M. "Slide Observations — Promoting Active Learning, Landscape Appreciation, and Critical Thinking in Introductory Geology Courses." *Journal of Geoscience Education*, v. 46, pp. 421-426, 1998.

SANTOS, R. F. S. (Org.). *Vulnerabilidade ambiental: desastres naturais ou fenômenos induzidos?* Brasília: MMA, 2007, 192p.

SANTOS, V. M. N.; JACOBI, P. R. "Formação de professores e cidadania: projetos escolares no estudo do ambiente." *Educação e pesquisa*. São Paulo, v. 37, n. 2, pp. 263-278, 2011.

SEABRA, R. D.; SANTOS, E. T. "Proposta de desenvolvimento da habilidade de visualização espacial através de sistemas estereoscópicos." *In*: *CONGRESO NACIONAL, 1; INTERNACIONAL, 4*, 6-8 out. 2004, Rosario, Argentina. Disponível em: <http://rodrigoduarte.pcc.usp.br/Artigos/EGRAFIA_2004.pdf>

SILVA, R. P.; RAMALHO, M. F. J. L. "Uma proposta metodológica para o ensino da Geomorfologia." *Revista Brasileira de Educação em Geografia*, Rio de Janeiro, v. 1, n. 2, pp. 105-116, 2011.

SOUZA, C. J. O. "Geomorfologia no Ensino Superior: difícil, mas interessante! Por quê? Uma discussão a partir dos conhecimentos e das dificuldades entre alunos de Geografia do IGC-UFMG, 2009." Tese (Doutorado). Universidade Federal de Minas Gerais, Belo Horizonte, 2009.

SOUZA, C. J. O.; SENA, E. F. "Currículo de Geografia em sala de aula: relações de mediação e construções de aprendizagens significativas em geomorfologia na formação inicial." *Revista Brasileira de Educação em Geografia*, Campinas, v. 7, n. 14, pp. 67-84, 2017

SOUZA, C. J. O.; VALADÃO, R. C. "Habilidades e competências no raciocínio e na prática da Geomorfologia: proposta para a formação em Geografia." *GEOUSP — Espaço e tempo*. São Paulo, v. 19, n. 1, pp. 93-108, 2015.

SPRINGER, K. S.; SOARES, E. G. "Ensino de Geografia e a construção do conhecimento ambiental em áreas de risco." *Geografia, Londrina*, v. 25, n. 1, pp. 165-181, 2016.

STRAFORINI, R. *Ensinar Geografia: o desafio da totalidade-mundo nas séries iniciais.* São Paulo: AnnaBlume, 2008.

SUERTEGARAY, D. M. A. "Geografia Física e Geomorfologia: temas para debate." *Revista da ANPEGE*, v. 5, 2009.

_____. "O que ensinar em Geografia (Física)?" *In*: REGO, N.; SUERTEGARAY, D. M.; HEIDRICH, A. (Orgs.). *Geografia e Educação: geração de ambiências.* Porto Alegre: UFRGS, 2000.

SUMMERFIELD, M. A. *Global Geomorphology.* Pearson Education Limited, Edinburgh, 1991, 537 p.

TORRES, E. C.; SANTANA, C. D. "Geomorfologia no Ensino Fundamental conteúdos geográficos e instrumentos lúdico-pedagógicos." *Geografia, Londrina*, v. 18, n. 1, pp. 233-264, 2009

VERONA, V.; GONÇALVES, L.; MOLINARI, D. C. *Técnica de ensino de erosão em sala de aula. Revista Geonorte, Edição Especial 4*, v. 10, n. 1, pp. 152-156, 2014.

VEYRET, Y.; RICHEMOND, N. M. "O risco, os riscos." In: VEYRET, Y. (Org.) *Os riscos. O homem como agressor e vítima do meio ambiente.* São Paulo: Contexto, pp. 23-47, 2007.

6

O currículo dos cursos de licenciatura em Geografia e a inserção da temática do risco socioambiental

Junimar José Américo de Oliveira
Doutorando da Universidade do Estado do Rio de Janeiro
junimar.geoufv@gmail.com

Cristiane Cardoso
Professora da Universidade Federal Rural do Rio de Janeiro
cristianecardoso1977@yahoo.com.br

Introdução

Na sociedade moderna, a relação humana com seu ambiente natural está se mostrando predominantemente capitalista. Esse ambiente natural está sendo visto como objeto, podendo ser preservado ou alterado em função de interesses geralmente particulares. As intervenções promovidas pela sociedade no ambiente estão alterando a dinâmica da natureza nas escalas locais, regionais e globais, trazendo como consequência desastres naturais e/ou antrópicos que ocasionam perdas materiais e mais graves: humanas.

Entre esses desastres, discutiremos sobre os deslizamentos de encostas, que têm aumentado consideravelmente nas últimas décadas, sendo agravados pelas mudanças climáticas em curso, que desencadeiam eventos pluviométricos intensos e frequentes, associados ao aumento da urbanização e da construção de residências em encostas acentuadas, consideradas de risco para ocupação e que muitas vezes se instalam de forma desordenada, em razão dos problemas socioeconômicos. Essa ocupação provoca a degradação do meio físico e coloca em risco a segurança e a qualidade de vida de seus habitantes.

Associado a isso, o crescimento desordenado das cidades, principalmente em direção a áreas ambientalmente vulneráveis, tem aumentado, significativamente, o número de pessoas em situações de risco, o que leva à busca pela conscientização do risco como forma de minimizar os efeitos dos eventos naturais extremos, tendo como ponto de partida o entendimento sobre o local onde essas comunidades estão inseridas.

Nos últimos anos, eventos ocorridos em diversas regiões do país possibilitaram que os debates sobre riscos naturais se mostrassem mais presentes em pesquisas de diversas áreas do conhecimento. A ocorrência de precipitação intensa num curto intervalo pode causar deslizamentos de encostas e enchentes nos rios, além de alagamentos nos centros urbanos. Esses fenômenos estão se tornando cada vez mais frequentes e atingem tanto áreas rurais quanto áreas urbanas de todo o país. Algumas áreas são mais afetadas, como os municípios serranos do Rio de Janeiro, em virtude de uma combinação das características climáticas, dos relevos íngremes e da ocupação desordenada.

Esses eventos geram vários prejuízos econômicos, materiais, sociais e humanos. Assim, surge a necessidade de ampliar a discussão da questão ambiental e seus riscos, a fim de entender as dinâmicas naturais, econômicas e sociais que propiciam suas ocorrências e, assim, criar políticas públicas e instrumentos eficientes para prevenir desastres, mitigar os prejuízos e ampliar a capacidade de resiliência da população.

Portanto, pensar a sociedade atual no contexto urbano requer principalmente o entendimento de sua dinâmica e dos fatores que influenciam na sua vivência sobre determinado lugar. Ocupar/morar em determinada área não implica simplesmente a construção de uma residência, mas, sim, uma série de questões que vão além da moradia e dos laços identitários: a vivência, as relações pessoais e profissionais que o indivíduo estabelece, entre outros. Assim, discutir riscos na sociedade contemporânea é de extrema importância, já que somos sistematicamente confrontados com notícias de desastres naturais, não somente espontâneos, mas, sobretudo, induzidos diretamente pela ação humana, ambos fortemente interligados.

Assim, é necessário discutir formas de prevenção e minimização dos efeitos de deslizamentos nessas áreas, em especial as de risco alto e muito alto, para que se tenha um controle maior no planejamento territorial e, ainda, para possibilitar a identificação de áreas prioritárias para as ações de intervenção, visando a minimizar os prejuízos quando um fenômeno atingir essa população.

Um dos caminhos para minimizar esses impactos é a educação para os riscos, em espaços formais (escolas e universidades) ou informais. A Geografia é uma das ciências capazes de atuar com mais propriedade nos ambientes escolares e não escolares para identificar e entender as áreas de risco e estabelecer prioridades de investimento, entre tantas outras ações. É necessário conhecer as características físicas do meio ambiente em que ocorrem os deslizamentos, onde e como estão assentadas as populações para saber agir no caso de um evento que leve a população a uma situação de risco real.

Educar para o risco, de acordo com a Recomendação nº 5/2011 de Portugal, significa desenvolver um trabalho de percepção do risco e de competências para a tomada de decisão por meio de programas educativos. Ainda de acordo com a recomendação, a escola deve ser como um polo de produção e difusão de informação sobre educação para o risco, e a cultura de segurança deve ser refletida no currículo da educação para a formação da cidadania, tal como para a formação científica no ensino das Geociências, da Física, da Matemática, entre outras.

É essencial o conhecimento básico das características climatológicas, geotécnicas, geológicas, geomorfológicas e da cobertura vegetal, bem como a existência de uma base de dados cartográficos que a Geografia escolar possa levar a conhecimento dos alunos, para que se tornem sujeitos ativos nas comunidades onde vivem. Conhecer com profundidade o risco é fundamental para poder agir quando ele se torna real. No entanto, o que percebemos na realidade é um total despreparo da população para lidar com esses eventos. Em primeiro lugar, a situação de risco não leva à conscientização da população da necessidade de sair da sua moradia; em segundo, os professores e as escolas não estão preparados para lidar com esses riscos.

A abordagem desse tema deveria ser prioridade nas escolas e no processo formativo do professor de Geografia. Só é possível transmitir um conteúdo sobre o qual se tem domínio. Freire (1993) salienta:

O currículo dos cursos de licenciatura em Geografia... • 99

O fato, porém, de que ensinar ensina o ensinante a ensinar um certo conteúdo não deve significar, de modo algum, que o ensinante se aventure a ensinar sem competência para fazê-lo. Não o autoriza a ensinar o que não sabe. A responsabilidade ética, política e profissional do ensinante lhe coloca o dever de se preparar, de se capacitar, de se formar antes mesmo de iniciar sua atividade docente. Esta atividade exige que sua preparação, sua capacitação, sua formação se tornem processos permanentes.

Diante desse contexto, este capítulo tem como objetivo geral investigar se, durante o processo formativo dos professores de Geografia atuantes nos anos finais do Ensino Fundamental, houve disciplinas sobre riscos socioambientais que os auxiliassem na abordagem prática desse tema na sala de aula. Para realizar a pesquisa, definimos como recorte espacial a rede municipal de educação de Petrópolis, no Rio de Janeiro. A escolha se deu em função de a cidade ser constantemente afetada por chuvas concentradas, deslizamentos, perdas materiais e humanas.

Este capítulo traz uma síntese dos resultados da pesquisa de mestrado *Por uma Geografia dos Riscos nos currículos: análise da formação dos professores de Geografia da rede municipal de ensino de Petrópolis — RJ*, defendida no Programa de Pós-Graduação em Geografia da Universidade Federal Rural do Rio de Janeiro.

Educar para o risco: a importância da inserção desse tema nas escolas

Desastres como enchentes, movimentos de massa, alagamentos, inundações e estiagens provocam danos diversos às populações diretamente vulneráveis a esses eventos, incluindo sérias consequências ambientais, socioeconômicas e sanitárias muitas vezes irreversíveis. No Brasil, destacam-se os deslizamentos de encostas, que ocorrem com certa frequência e são responsáveis pelo maior número perdas materiais e óbitos (Cerri, 1993; Augusto Filho, 1994; Tominaga *et al.*, 2009).

Os deslizamentos de encostas participam da evolução geomorfológica em regiões serranas no Brasil, processo natural de formação da paisagem.

Entretanto, a ocupação de áreas desfavoráveis sem um planejamento adequado para o uso do solo e sem técnicas adequadas de estabilização, aliada ao desmatamento das encostas e ao descarte irregular do lixo e da rede pluvial e de esgoto, aumenta o risco de acidentes associados a esses processos naturais, que muitas vezes atingem dimensões de desastres (Tominaga, 2007).

Slovic (2000) enfatiza que os seres humanos inventaram o conceito de risco para nos ajudar a compreender e a lidar com os perigos e as incertezas da vida. O risco é, portanto, uma criação social, medido pela capacidade de apreensão que cada grupo humano desenvolve sobre ele (Zanirato *et al.*, 2007; Ribeiro, 2010). Por isso é necessário qualificar o termo *risco* de acordo com a inserção social do grupo em situação de risco, sem desconsiderar o processo de produção do espaço urbano, que, em si, é excludente e leva porções expressivas da população a viver em áreas de risco, mesmo que não tenham consciência disso.

Segundo Beck (2010), um aspecto importante da sociedade de risco é que seus perigos não são limitados espacial, temporal ou socialmente. Os riscos de hoje em dia afetam todos os países e todas as classes sociais: as suas consequências são globais, e não apenas locais. A dimensão real do risco e a percepção que temos dele nem sempre coincidem. A percepção do risco decorre de representações sociais da realidade (como morar em uma área de encosta com uma declividade superior a 45°), que podem muitas vezes ser moldadas por preconceitos ou falta de informação.

Podemos constatar que nos últimos anos os deslizamentos em encostas de áreas urbanas no Brasil vêm aumentando e se tornando mais frequentes, como resultado da intensa urbanização, do crescimento desordenado das cidades e da ocupação de novas áreas de risco, principalmente pela população menos privilegiada economicamente. Essa ocupação decorre da especulação imobiliária e da desigualdade social, e leva à formação de áreas favelizadas, com pouca infraestrutura, que aumentam a vulnerabilidade da sociedade.

Lopes, Namikawa e Reis (2011) mostram que a ocorrência desses deslizamentos no Brasil é mais frequente durante os períodos chuvosos, estando ligados diretamente a eventos pluviométricos intensos e prolongados ou a precipitações de grande intensidade em curto tempo. O verão é o período que registra a maior quantidade de precipitação no Sul e Sudeste brasileiros,

O currículo dos cursos de licenciatura em Geografia... • 101

fator com maior potencial de desencadear escorregamentos, eventos que, por sua vez, são a maior causa de mortes por desastres naturais espontâneos ou induzidos pelo homem no Brasil.

O megadesastre da região serrana do Rio de Janeiro, ocorrido em janeiro de 2011, pode exemplificar esse fenômeno. Na ocasião, chuvas de grande intensidade foram responsáveis por um dos piores desastres brasileiros dos últimos tempos, no que tange a enchentes e deslizamentos de terra. O evento causou 905 mortes em sete cidades e afetou mais de 300 mil pessoas, ou 42% da população dos municípios atingidos. As perdas e danos totais foram estimados em 4,8 bilhões de reais (Banco Mundial, 2012).

De acordo com o Atlas Brasileiro dos Desastres Naturais, entre 1991 e 2012 foram registrados oficialmente 699 eventos de movimentos de massa no Brasil; desses, 153 são do estado do Rio de Janeiro. Os municípios de Petrópolis e São Gonçalo, localizados na Mesorregião Metropolitana do Rio de Janeiro, foram os mais atingidos por movimentos de massa no período de 1991 a 2012, com 18 e 16 registros, respectivamente.

A ocorrência frequente desses fenômenos na região serrana do estado do Rio de Janeiro também está relacionada com o alto grau de inclinação das encostas, extremamente acentuadas e com elevada rede de drenagem que ocupa vales profundos (Ross, 1995). Esses fatores propiciam maior intensidade aos processos morfodinâmicos e, consequentemente, aumentam a suscetibilidade à erosão e aos deslizamentos de encostas.

Nesse contexto, verifica-se a importância de uma abordagem que alcance a população com o intuito de conscientizar, e não apenas prevenir, incentivando seu compromisso com práticas de desenvolvimento sustentável que reduzirão o risco de desastres, aumentando assim o bem-estar e a segurança dos cidadãos. A escola, como espaço de instrução, é um caminho real para alcançar esse objetivo, e a Geografia, uma disciplina fundamental para a compreensão desses eventos e sua dinâmica.

Nessa perspectiva, a Geografia deve lançar mão de seu interesse pelas relações sociais e suas traduções espaciais, um tema de estudo indispensável para o geógrafos, numa abordagem multidisciplinar.

O ensino de Geografia, uma vez atento à educação para os riscos, pode oportunizar abordagens socialmente inclusivas que promovam o encontro entre a geografia local e a realidade vivenciada pelos moradores, propiciando a compreensão do espaço vivido como uma realidade mutável e buscando, assim, a melhoria da qualidade de vida.

Costella (2013) destaca a diferença entre ensinar e somente informar sobre determinado assunto, assim como a dificuldade encontrada pelos professores em proceder de acordo com a primeira opção. Ao informar, o professor apenas transmite uma informação (sua casa está numa área de risco, por exemplo), mas a população não saberá como agir no caso de um fenômeno desse porte nem mesmo acreditará que pode acontecer com sua casa. Ao ensinar, o professor consegue sensibilizar o aluno para o problema real e prepará-lo para agir frente a isso.

Ao trazer para o ensino de Geografia a realidade, o lugar de vivência do aluno e suas experiências, há a aproximação da disciplina com o lugar vivido, transpondo a abordagem pouco profunda dos livros didáticos e ampliando as possibilidades de trabalho do professor. Fazer uso das experiências do aluno é reconhecê-lo como sujeito ativo no processo educacional, capaz de contribuir com a construção do conhecimento, e não como um receptor de informações incontestáveis.

Segundo Afonso (2015), "essa questão tende a ganhar importância no debate das prioridades curriculares da Geografia na educação básica, especialmente quando se trata de dotar os discentes de instrumentos cognitivos que os resguardem de tais riscos". Logo, tem-se articulado cada vez mais a realidade dos estudantes com a aprendizagem ao abordar os riscos socioambientais no ensino de Geografia.

Em Petrópolis, o meio físico e suas características geológicas, geomorfológicas e climáticas, somadas à forma e à intensidade das intervenções humanas sobre os morros, principalmente nas áreas urbanizadas, ocasionam situações favoráveis à ocorrência de grandes eventos de movimentos de massa, típicos da evolução geomorfológica em regiões serranas, processo natural de formação da paisagem (Soares, 2005). Vale lembrar que essa é uma realidade muito presente no Sul e Sudeste brasileiros.

Soares, Resende e Oliveira Souza (2014) ressaltam que o ensino de Geografia compreende um processo importante para a interpretação geográfica do espaço, assim como para a formação da cidadania, por meio da "construção e reconstrução de conhecimentos, habilidades e valores que ampliem a capacidade de crianças e jovens de compreender o mundo em que vivem e atuam" (Cavalcanti, 2002). Esse conceito inclui não só a necessidade de compreender o mundo em que vivemos, mas sobretudo o papel que as pessoas têm na formação, organização e transformação da sociedade e do espaço.

Dessa forma, é importante refletir a respeito das relações socioeconômicas e ambientais no espaço escolar para tomar decisões adequadas a cada passo, na direção do crescimento cultural, da melhoria da qualidade de vida e do equilíbrio ambiental, sendo o professor o mediador responsável pela construção de um processo de aprendizagem que contemple a educação para os riscos, principalmente se a escola se localizar em uma área de vulnerabilidade.

Os currículos das universidades e a percepção dos professores sobre a inserção do tema Riscos Socioambientais no seu processo formativo

A educação para o risco de desastres vem se tornando cada vez mais necessária para preparar as comunidades para lidar com as mudanças climáticas decorrentes do aquecimento global, que trazem consigo ameaças capazes de destruir povoados vulneráveis em diversas partes do mundo (Oliveira, 2018).

Esse tema se tornou um componente fundamental na formação de crianças e jovens. Nesse sentido, a escola, como interveniente privilegiada na mobilização da sociedade, tem um papel central, proporcionando e promovendo dinâmicas e práticas educativas que visem à adoção de comportamentos de segurança, prevenção e gestão adequada do risco.

Percebe-se, no entanto, que a escola não está preparada para abordar esse tema, em especial o professor de Geografia, que, muitas vezes, não consegue relacionar conteúdo e realidade de forma didática. Isso pode estar relacionado com a formação inicial e continuada do professor. Ao analisar as matrizes curriculares dos principais cursos de licenciatura em Geografia no Rio de Janeiro (**Quadro 6.1**), percebe-se que a temática do risco ambiental não é abordada diretamente. Apenas a Universidade do Estado do Rio de Janeiro (UERJ) apresenta duas disciplinas optativas sobre riscos ambientais: "Desastres ambientais" e "Risco e vulnerabilidade", conforme as ementas:

Desastres ambientais — O conceito de desastres: um debate contemporâneo. Risco, vulnerabilidade e medo nos dias atuais. Desastres como desdobramentos da injustiça ambiental. Instituições e políticas voltadas para a redução dos desastres: representação e práticas no cenário nacional, nas relações exteriores, no cenário multilateral. Gestão de desastres no Brasil e no mundo. Os grandes eventos causadores de desastres no Brasil e no mundo.

Risco e vulnerabilidade — Conceitos de risco e de vulnerabilidade. Processos e fatores determinantes. Análise e caracterização dos grupos sociais mais vulneráveis. O risco e a vulnerabilidade nos territórios urbanos. Metodologias e indicadores para avaliar o risco e a vulnerabilidade (Igeog, 2019, grifo nosso).

Quadro 6.1 — Matriz curricular dos cursos de licenciatura em Geografia relacionados às disciplinas da Geografia Física

Instituição	Disciplina	Natureza
UFRJ	Fundamentos de Biogeografia	Obrigatória
	Climatologia Geográfica	Obrigatória
	Geomorfologia Geral	Obrigatória
	Trabalho de Campo em Geografia Física	Obrigatória
	Climatologia Aplicada	Optativa
	Erodibilidade dos Solos	Optativa
	Fundamentos de Biogeografia	Optativa
	Geografia e Educação Ambiental	Optativa
	Geomorfologia Aplicada	Optativa
	Geomorfologia Brasileira Aplicada ao Ensino	Optativa
	Geomorfologia Geral	Optativa
	Gestão Ambiental	Optativa
	Hidrologia Aplicada ao Gerenciamento de Bacias Hidrográficas	Optativa
	Impactos Ambientais	Optativa
	Pedologia	Optativa
	Processo e Análise de Dados Ambientais	Optativa
	Quaternário e Mudanças Ambientais	Optativa

O currículo dos cursos de licenciatura em Geografia... • 105

Instituição	Disciplina	Natureza
UERJ — Maracanã	Climatologia I	Obrigatória
	Geologia Geral I	Obrigatória
	Processos Geomorfológicos	Obrigatória
	Geomorfologia Continental	Obrigatória
	Pedologia I	Obrigatória
	Geomorfologia Costeira	Obrigatória
	Hidrogeografia	Obrigatória
	Biogeografia	Obrigatória
	Análise de Bacias Hidrográficas	Optativa
	Bioclimatologia	Optativa
	Climatologia IV	Optativa
	Climatologia Urbana	Optativa
	Desastres Ambientais	Optativa
	Espaço Físico Brasileiro	Optativa
	Fundamentos de Meteorologia	Optativa
	Fundamentos e Prática em Meteorologia	Optativa
	Geografia, Meio Ambiente e Sociedade	Optativa
	Geomorfologia Aplicada	Optativa
	Geomorfologia do Quaternário	Optativa
	Indicadores Sociais e Ambientais	Optativa
	Métodos Aplicados à Climatologia e Meteorologia	Optativa
	Métodos de Análise em Climatologia e Meteorologia	Optativa
	População e Meio Ambiente	Optativa
	Risco e Vulnerabilidade	Optativa
	Solos Tropicais	Optativa
UFJF	Climatologia	Obrigatória
	Hidrogeografia	Obrigatória
	Fundamentos de Geologia	Obrigatória
	Geomorfologia Geral	Obrigatória
	Pedologia	Obrigatória
	Biogeografia	Obrigatória
	Geografia e Educação Ambiental	Obrigatória
	Prática de Ensino em Geomorfologia Geral	Optativa
	Prática de Ensino em Pedologia	Optativa
	Prática de Ensino em Biogeografia	Optativa
	Prática de Ensino em Geografia e Educação Ambiental	Optativa

Instituição	Disciplina	Natureza
UERJ — FEBF	Geologia Geral	Obrigatória
	Climatologia	Obrigatória
	Processos Geomorfológicos I	Obrigatória
	Processos Geomorfológicos II	Obrigatória
	Biogeografia	Obrigatória
	Educação Ambiental I	Obrigatória
	Processos Geomorfológicos III	Obrigatória
	Educação Ambiental II	Obrigatória
	Geografia dos Recursos Naturais	Optativa
	Geologia	Optativa
UFV	Climatologia Geográfica	Obrigatória
	Gênese do Solo	Obrigatória
	Biogeografia	Obrigatória
	Geomorfologia Geral	Obrigatória
	Geomorfologia Climática e Estrutural	Obrigatória
	Dinâmica Fisiográfica do Espaço Brasileiro	Obrigatória
	Educação e Interpretação Ambiental	Optativa
	Manejo de Bacias Hidrográficas	Optativa
	Gestão Ambiental	Optativa
	Recuperação de Áreas Degradadas	Optativa
	Avaliação de Impactos Ambientais	Optativa
	Sociedade e Natureza	Optativa
	Geografia e Clima Urbano	Optativa
	Geografia das Águas	Optativa
	Geomorfologia Tropical	Optativa
	Geografia e Meio Ambiente	Optativa
	Constituição, Propriedades e Classificação de Solos	Optativa
UERJ — FFP	Geologia	Obrigatória
	Climatologia	Obrigatória
	Geomorfologia Continental	Obrigatória
	Geomorfologia Costeira	Obrigatória
	Hidrologia	Obrigatória
	Biogeografia	Obrigatória
	Geografia Física Geral e do Brasil	Obrigatória
	Climatologia Geral e do Brasil I	Optativa
	Climatologia Geral e do Brasil II	Optativa
	Elementos de Geologia	Optativa
	Educação Ambiental	Optativa
	Fundamentos de Análise Ambiental	Optativa
	Geologia Geral	Optativa
	Geologia I	Optativa
	Geologia II	Optativa
	Geomorfologia I	Optativa
	Geomorfologia II	Optativa
	Recursos Hídricos e Gestão de Bacias Hidrográficas	Optativa

O currículo dos cursos de licenciatura em Geografia... • **107**

Instituição	Disciplina	Natureza
UFRRJ — Seropédica	Geologia Geral	Obrigatória
	Geomorfologia Geral	Obrigatória
	Sociedade e Natureza	Obrigatória
	Biogeografia	Obrigatória
	Biogeografia Básica	Obrigatória
	Climatologia Geográfica	Obrigatória
	Geografia e Educação Ambiental	Obrigatória
	Climatologia Aplicada	Obrigatória
	Pedologia Aplicada à Geografia	Obrigatória
	Geomorfologia do Brasil Aplicada ao Ensino	Obrigatória
	Geografia Física do Brasil	Obrigatória
Estácio — EAD	Climatologia	Obrigatória
	Biogeografia	Obrigatória
	Geologia	Obrigatória
	Geografia dos Recursos Hídricos	Obrigatória
	Geomorfologia	Obrigatória
	Geografia e Impactos Ambientais	Obrigatória

Fonte: Oliveira, 2018, pp. 67-68.

Observa-se que, na maior parte das universidades, as ementas oferecem apenas disciplinas obrigatórias centradas em Geologia, Geomorfologia, Pedologia, Climatologia, Biogeografia e Hidrografia/Hidrologia, sem qualquer articulação com os processos desencadeadores, preventivos, minimizadores ou remediadores de riscos de desastres. As ementas a seguir demonstram essa questão:

Ações e interações de forças internas, externas e interferências antrópicas na elaboração do relevo. Topografia e morfometria na caracterização do relevo e da paisagem. A importância da litologia e da estrutura geológica. Processos geomorfológicos, seus métodos, suas técnicas e a aplicação de seus conhecimentos em campo, laboratório e gabinete: intemperismos e ações físicas e químicas; movimentos de massa, tipos e mecanismos; escoamento superficial de águas — erosão e deposição —, voçorocas; águas em subsuperfície — relevo calcário; bacias hidrográficas e processos fluviais — erosão e deposição —, modos de atuação e formas — em planícies fluviais, deltas e estuários; processos eólicos — erosão e deposição —, formas; processos glaciares — erosão e deposição —, formas. Teorias relativas à evolução do relevo. As variações do clima no quaternário. A geomorfologia na previsão de mudanças ambientais. Prática em trabalho de campo e laboratório (Ementa — Processos Geomorfológicos, UERJ, 2019).

Conceituação da Erodibilidade dos Solos. Processos e mecanismos da erosão. Fatores controladores dos processos erosivos. Técnicas de mensuração da erosão. Manejo e conservação dos solos. Recuperação de áreas degradadas. (Ementa — Erodibilidade dos Solos, UFRJ, 2019)

Com o objetivo de evidenciar essa lacuna no processo formativo do professor de Geografia, foi realizada uma pesquisa com 22 professores que lecionam nos anos finais do Ensino Fundamental no município de Petrópolis. A escolha desse município se deu porque, historicamente, tem se mostrado uma área particularmente sensível a ocorrências de desastres, como deslizamentos de massa, que acontecem com frequência. Além disso, há a presença de riscos ambientais que, em geral, estão relacionados aos escorregamentos de encostas e à ocupação de áreas que deveriam estar reservadas, nos períodos de chuvas, ao acúmulo de águas pluviais.

O Ensino Fundamental demonstrou maior alinhamento com os objetivos da Educação Ambiental, na medida em que busca ensinar os alunos sobre o ambiente natural e social, os sistemas político e econômico, a tecnologia, a arte e a cultura, e os valores em que se fundamenta a sociedade, todos conhecimentos integrados aos componentes curriculares obrigatórios.

Por meio dos questionários, procurou-se investigar se o tema *risco é abordado* em sala de aula, como isso é feito, se a formação de professor inclui abordagens sobre riscos ambientais e que conhecimento os professores têm a respeito da educação para os riscos.

A maior parte dos professores teve seu processo formativo inicial nas universidades públicas listadas no **Quadro 6.1**. As análises se ativeram ao currículo visível, ou seja, a tudo o que em tese é ensinável e está descrito nas ementas (Sacristán, 2013). Ao contrário, o currículo invisível está ligado aos conhecimentos e às atribuições dos professores, em que se inserem discussões que vão além dos ementários, incluindo as experiências acumuladas de cada docente (Sá-Chaves, 2002; Perrenoud, 2004).

O currículo dos cursos de licenciatura em Geografia... • 109

Como fio condutor das análises curriculares, utilizamos as respostas dadas pelos professores quando questionados sobre a presença ou ausência de disciplinas sobre riscos, nas quais todos os respondentes indicaram disciplinas ligadas à Geografia Física e ao meio ambiente, por exemplo, Geologia, Geomorfologia, Pedologia, Climatologia, Biogeografia, Hidrografia/Hidrologia, como instrumentos para entender as dinâmicas dos riscos naturais.

Ao analisar o grau de familiaridade dos professores com as conceituações de risco, observa-se que os professores somente graduados e especializados registraram respostas menos completas. O respondente com título de mestre desenvolveu a melhor conceituação de risco: "Probabilidade ou possibilidade de ocorrência de determinado evento e suas consequências para a população e/ou indivíduo." Isso corrobora a importância da formação continuada. Embora os participantes não tenham se especializado em Riscos, a possibilidade de novas leituras, reflexões e discussões amplia a capacidade de análise, interpretação e de inferência sobre um conhecimento novo.

Todos os professores afirmaram discutir os riscos ambientais em sala de aula a partir de debates sobre os cuidados com o meio ambiente, a segregação socioespacial, as comunidades mais vulneráveis aos riscos, o uso consciente dos recursos naturais e a dinâmica urbana, com o uso de fotografias, antigas e atuais, e imagens de satélite para demonstrar a alteração dos espaços e a ocupação de áreas de risco; além do livro didático, entre outras metodologias.

Apenas um professor, contudo, usou Petrópolis e a vivência dos alunos como ponto de partida para as discussões: "Sim. Discutindo a ocupação de áreas de risco no espaço onde os alunos vivem, sendo Petrópolis um excelente exemplo para tal." Isso demonstra que, embora essas discussões estejam presentes no âmbito escolar, nem sempre é levada em consideração a realidade local para a compreensão do espaço, o que envolve a reflexão e a percepção do sujeito com relação aos riscos. A importância dessa prática no ensino da Geografia é evidenciada por Cavalcanti (2002), ao relatar a necessidade de "articular o saber geográfico e sua significação social".

Para Callai (2013), nas universidades públicas (principalmente nas mais antigas) procura-se, de maneira geral, formar somente bacharéis em Geografia, atribuindo à licenciatura caráter complementar. Assim, os currículos são estruturados em disciplinas e metodologias mais voltadas à formação de pesquisadores do que de professores, formando-se geógrafos em "Geografia pura".

Apesar de todas as disciplinas supracitadas serem de grande importância na formação do professor de Geografia, as ementas dos cursos de licenciatura não parecem levar em consideração a necessidade de articular o conteúdo a ser ensinado à sua didática específica (Oliveira, 2018).

Considerações finais

Vários são os estudos sobre a ocorrência, o planejamento, a prevenção e mitigação de riscos; entretanto, há poucas aproximações com a educação, sobretudo com o ensino de Geografia. É escassa a produção acadêmica que relaciona educação, Geografia e riscos socioambientais, trinômio tão importante para a construção de uma Educação Ambiental atenta à geografia do lugar e à realidade dos alunos.

A análise das matrizes curriculares das licenciaturas em Geografia das universidades investigadas revelou a inexistência de disciplinas específicas sobre riscos, restando à Geografia Física e afins realizarem aproximações com o tema. Dessa forma, a hipótese de que os professores não tiveram em sua formação inicial disciplinas relacionadas aos riscos socioambientais se confirmou.

As respostas dos professores revelaram que suas noções sobre os *riscos socioambientais* estão ligadas principalmente à Geografia Física e aos saberes do currículo escolar.

Nesse sentido, é possível inferir que, em geral, os professores de Geografia possuem pouco conhecimento sobre o tema, restringindo-se, muitas vezes, ao livro didático, sem relacionar a realidade em sua volta com o conteúdo transmitido, que poderia ser exemplificado na geografia local, valorizando a cultura, a história e as áreas de riscos do entorno.

Entre os professores que conseguiram descrever uma abordagem com relação aos riscos socioambientais, acredita-se que seus saberes estejam relacionados à vivência pessoal e ao exercício da profissão, uma vez que não dispuseram de instrução formal para tal, recorrendo construção de saber a partir experiência acumulada, analisando-a e atribuindo-lhe significado de forma dinâmica e conjunta, e assim se mostrando capaz atender às demandas específicas de determinado ambiente escolar.

A abordagem dos riscos socioambientais nas licenciaturas em Geografia pode proporcionar uma Geografia escolar mais atenta às questões locais/regionais que dizem respeito às quais as comunidades escolares do entorno, aproximando o ensino de Geografia do cotidiano desses sujeitos. Todas as escolas que participaram deste estudo se encontram em áreas de risco baixo a muito alto.

O ensino de Geografia deve discutir a dinâmica dos elementos naturais e os riscos associados. As bases teóricas, conceituais e metodológicas da Geografia Física contribuem para a formação de indivíduos mais preparados para agir frente aos desafios ambientais cada vez mais presentes e graves que ameaçam toda a população.

Refletir sobre os diferentes aspectos físicos do meio contribui para entender suas interações com as ações antrópicas. Conhecer os elementos e processos da dinâmica natural contribui para o desenvolvimento intelectual dos alunos, possibilitando a compreensão e a análise dos processos espaciais do lugar onde estão inseridos.

É fundamental que o professor de Geografia esteja apto a conduzir um processo de ensino capaz de desenvolver nos discentes da educação básica uma visão efetivamente crítica, social e política, quanto ao espaço geográfico e aos riscos socioambientais que assolam o indivíduo e a sociedade.

O investimento na capacitação dos professores por parte do poder público municipal pode suprir lacunas deixadas pela formação inicial do professorado e atender a questões socioambientais específicas do município.

A educação para os riscos, uma importante aliada para os alunos compreenderem o lugar onde vivem, busca aproximar a teoria com a realidade em que estão inseridos. Desse modo, os alunos podem compreender qual é a origem dos fenômenos naturais que acontecem em seu entorno, como se prevenir e minimizar seus impactos.

A Geografia não estuda somente os fenômenos físicos, naturais e sociais, mas também como estes, ligados a condições sociais, levam à exposição aos perigos. Nesse sentido, a Geografia exerce papel crucial na educação para os riscos socioambientais, desenvolvendo nos alunos o senso crítico para buscar preveni-los e mitigá-los.

Referências bibliográficas

AFONSO, A. E. "Perspectivas e possibilidades do ensino e da aprendizagem em Geografia Física na formação de professores de Geografia." Tese de Doutorado (Geografia) — Instituto de Geociências, Departamento de Geografia, Universidade Federal do Rio de Janeiro, 2015. Disponível em: <http://objdig.ufrj.br/16/teses/826981.pdf>. Acesso em 8 de maio de 2018.

AUGUSTO FILHO, O. "Carta de riscos de escorregamentos: uma proposta metodológica e sua aplicação no município de Ilha Bela, SP." 1994. 168f. Dissertação (Mestrado) — Escola Politécnica, Universidade de São Paulo, São Paulo.

BANCO MUNDIAL. *Avaliação de perdas e danos: inundações e deslizamentos na região serrana do Rio de Janeiro* — Janeiro de 2011. Brasília, 2012d.

BECK, U. *Sociedade de risco: rumo a uma outra modernidade.* Tradução de Sebastião Nascimento. São Paulo: Ed. 34, 2010. 368 p.

CALLAI, H. C. *A formação do profissional da Geografia: (O professor).* Ijuí: Unijuí, 2013.

CAVALCANTI, L. S. *Geografia e Práticas de Ensino.* Goiânia: Alternativa, 2002.

CERRI, L. E. S. "Riscos geológicos associados a escorregamentos: uma proposta para a prevenção de acidentes." 1993. 197f. Tese (Doutorado) — Instituto de Geociências e Ciências Exatas da Universidade Estadual Paulista, IGCE/UNESP, Rio Claro, São Paulo.

COSTELLA, R. Z. "Movimentos para não dar aulas de geografia, e sim capacitar o aluno para diferentes leituras." In: CASTROGIOVANNI, A. C. *et al.* (orgs.). Movimentos no ensinar geografia. Porto Alegre: Compasso Lugar-Cultura: Imprensa Livre, 2013.

FREIRE, P. *Carta de Paulo Freire aos professores. Professora, sim, tia, não. Cartas a quem ousa ensinar.* São Paulo: Editora Olho D'Água, 10ª ed., 1993.

LOPES, E. S. S.; NAMIKAWA, L. M.; REIS, J. B. C. "Risco de escorrega-mentos: monitoramento e alerta de áreas urbanas nos municípios no entorno de Angra dos Reis — Rio de Janeiro." In: *13º Congresso Brasileiro de Geologia de Engenharia e Ambiental, 2011, São Paulo; 13º Congresso Brasileiro de Geologia de Engenharia e Ambiental. São Paulo: ABGE, 2011.* Disponível em: <http://www.dpi.inpe.br/terrama2/lib/exe/fetch.php?media=docs:papers:sibraden_2011.pdf>. Acesso em 10 de novembro de 2017.

OLIVEIRA, J. J. A. "Por uma Geografia dos riscos nos currículos: análise da formação dos professores de Geografia da rede municipal de ensino de Petrópolis — RJ." 2018. 88 p. Dissertação (Mestrado). Instituto de Agronomia/Instituto Multidisciplinar, Universidade Federal Rural do Rio de Janeiro, Seropédica. 2018.

PERRENOUD, P. "L' Université entre transmission de savoirs et déve-loppement de compétences." *Texte de Conférence au Congrès de l'ensignement universitaire et de l'inovation. Girona. 2004.* Disponível em: <http://www.unige.ch/fapse/SSE/teachers/perrenoud/php_main/php_2004/2004_07.html>. Acesso em 26 de setembro de 2018.

PORTUGAL. "Recomendação nº 5, de 20 de Outubro de 2011". *Conselho Nacional de Educação — Portugal, Educação para o risco.* Disponível em: <http://www.cnedu.pt/content/antigo/files/pub/EducDesenvSus-tent/EducDesenvSustent10.pdf>. Acesso em 6 de novembro de 2017.

RIBEIRO, W. C. "Riscos e vulnerabilidade urbana no Brasil." *Scripta Nova Revista Electrónica de Geografía y Ciencias Sociales*, v. 14, n. 331, 2010. Disponível em: <http://www.ub.edu/geocrit/sn/sn-331/sn-331-65.htm>. Acesso em 12 de novembro de 2017.

ROSS, J. L. S. "Os fundamentos da Geografia da natureza." In: _____. Geografia do Brasil. São Paulo: EdUSP, 1995.

SÁ-CHAVES, I. *A construção de conhecimento pela análise reflexiva da práxis.* Lisboa: Edição Fundação Calouste Gulbenkian e FCT, 2002.

SACRISTÁN, J. G. *Saberes e incertezas sobre o currículo.* Tradução: Ale-xandre Salvaterra. Porto Alegre: Penso, 2013.

SLOVIC, P. (org.). *The Perception of Risk.* Londres: Earthscan, 2000.

SOARES, P. V. "As inter-relações de elementos do meio físico natural e modificado na definição de áreas potenciais de infiltração na porção paulista da bacia do rio Paraíba do Sul." 2005. Tese (Doutorado). Instituto de Geociências, Universidade Estadual de Campinas, Campinas. Disponível em: <http://repositorio.unicamp.br/bitstream/REPOSIP/287601/1/Soares_PauloValladares_D.pdf>. Acesso em 2 de outubro de 2018.

SOARES, T. B. O.; RESENDE, F. C.; OLIVEIRA SOUZA, C. J. "Risco socioambiental no ensino de Geografia: proposta de prática educativa." *Revista Territorium Terram*, v. 2, n. 04, pp. 24-38, 2014. Disponível em: <http://www.seer.ufsj.edu.br/index.php/territorium_terram/article/download/792/603>. Acesso em 29 de outubro de 2017.

TOMINAGA, L. K. "Avaliação de metodologias de análise de risco a escorregamentos: aplicação de um ensaio em Ubatuba, SP." 2007. 220f. Tese (Doutorado). Departamento de Geografia da Faculdade de Filosofia, Letras e Ciências Humanas. Universidade de São Paulo, São Paulo. Disponível em: <http://www.teses.usp.br/teses/disponiveis/8/8135/tde-18102007-155204/en.php>. Acesso em maio de 2019.

TOMINAGA, L. K.; SANTORO, J.; AMARAL, R. *Desastres naturais: conhecer para prevenir*. São Paulo: Instituto Geológico, 2009. 19 p. Disponível em: <http://www.ambiente.sp.gov.br/wp-content/uploads/publicacoes/instituto_geologico/DesastresNaturais.pdf>. Acesso em maio de 2019.

ZANIRATO, S. H. *et al.* "Sentidos do risco: interpretações teóricas. Biblio 3W". *Revista Bibliográfica de Geografía y Ciencias Sociales*. Barcelona: Universidad de Barcelona, v. 13, n. 785, 2008. Disponível em: <http://www.ub.es/geocrit/b3w-785.htm>. Acesso em 11 de novembro de 2017.

7

A importância de serem compreendidos os solos, seus usos e sua conservação na prevenção dos riscos socioambientais

Leonardo dos Santos Pereira
Doutor pela UFRJ
leospgeo@gmail.com

Aline Muniz Rodrigues
Mestre em Geografia pela UFRJ
alinemrodrigues@live.com

Introdução

A resiliência de importantes recursos naturais, como os solos, tem sido comprometida em decorrência do aumento da influência antrópica sobre o meio ambiente. O desequilíbrio ambiental que se configura na contemporaneidade proporciona limitações de ordem econômica e social, e corrobora para o crescimento dos riscos socioambientais. Isto é: a probabilidade de ocorrência de processos no tempo e no espaço, e como podem afetar o homem, seja de forma direta ou indireta (Castro *et al.*, 2005; Castro, 2015).

O risco está relacionado a processos e eventos, de origem natural ou induzidos por atividades humanas, que proporcionam perdas que contribuem para a degradação das condições de vida da sociedade (Sette e Ribeiro, 2011; Cardoso, 2015), como se pode observar com os processos que culminam na degradação dos solos, visto que influenciam na estabilidade dos ecossistemas e oneram a sociedade com prejuízos econômicos e sociais.

A utilização inadequada dos solos é uma problemática de ordem mundial. Estima-se que a perda mundial de solos é de aproximadamente 6 milhões de hectares por ano e a erosão se caracteriza como o processo geomorfológico de maior distribuição geográfica pelo planeta. A perda de solo, que atualmente acontece de forma acelerada em decorrência de ações antrópicas, está sendo superior às taxas de sua renovação, colocando em risco a sustentabilidade ambiental, assim como a segurança alimentar (Morgan, 2005; Pimentel, 2006; Klik e Eitzinger, 2010; Guerra, 2014).

A perda da funcionalidade do sistema solo no processamento de energia e matéria em áreas urbanas e agrícolas está provocando sérios impactos nas atividades e organizações sociais, em razão de desequilíbrios de drenagem e estocagem da água nos solos advindos de usos e manejos inadequados, que culminam na perda das propriedades físico-químicas desse recurso natural. O solo, que é um dissipador de energia e matéria como a água, quando se encontra depauperado, representa negativos impactos no ciclo hidrológico, favorecendo, por exemplo, a liberação do excedente desse material não absorvido em seu entorno (Tricart, 1981; Christofoletti, 1999; Bowen, 2015; Evaristo *et al.*, 2015; Guerra, 2016).

As consequências da perda da capacidade de processamento de energia e matéria do solo puderam ser constatadas no megadesastre de janeiro de 2011, na região serrana do estado do Rio de Janeiro, local que sofreu diversos processos de movimentos de massa simultâneos em áreas agrícolas ou de baixa cobertura vegetal devido à perda de propriedades do solo como porosidade e estabilidade dos agregados. O desastre no Morro do Bumba, em Niterói, também exprime a relação desequilibrada entre as atividades humanas no solo, uma vez que ocorreu a ocupação de uma encosta que era um lixão abandonado, ou seja, uma superfície que não tinha estrutura para suportar a carga que se instalou sobre ela (Avelar *et al.*, 2011; Coelho Netto *et al.*, 2011; Dourado *et al.*, 2012; Carvalho, 2014).

O relevo montanhoso da Serra do Mar apresenta frágil estabilidade geodinâmica (precipitação intensa, contato solo-rocha abrupto, relevo acidentado), a qual é afetada cotidianamente por fatores externos, impulsionando a maior frequência de processos de movimentos de massa e erosão acelerada. Tais características naturais limitam a ocupação espacial da área; contudo, a falta de conscientização da importância do solo no processo de estabilidade de encostas e na prevenção de riscos socioambientais é negligenciada pela comunidade e pelos agentes públicos, permitindo a instalação de residências próximas a taludes instáveis (**Figuras 7.1A e 7.1B**) (Santos e Galvani, 2014; Pereira *et al.*, 2016; Jorge *et al.*, 2016; Rodrigues *et al.*, 2018).

Veja as Figuras 7.1A e 7.1B do caderno de imagens — Taludes de corte para a construção civil que podem causar instabilidade, em Ubatuba, SP.

Trágicos exemplos se originam pela falta de políticas públicas para mitigar riscos socioambientais, bem como pela baixa conscientização da importância de compreender os solos para uma organização social sustentável, uma vez que a mudança em seu uso e cobertura transforma suas características físicas, químicas e mineralógicas, e culmina em sua degradação e no aumento dos riscos para a sociedade.

Portanto, promulgar a Educação Ambiental e a importância dos solos no ensino básico, bem como estimular essa temática no processo formativo do professor de Geografia, pode desenvolver a conscientização social frente aos riscos advindos de um modo de produção e organização espacial inadequado.

Função do solo e equilíbrio socioambiental: constituição físico-química e relação sociedade/natureza

O solo pode ser compreendido como o meio sob o qual se mantém a vida na superfície da Terra, desempenhando papel fundamental para a manutenção dos sistemas ambientais (ecossistema e geossistema), sendo, portanto, o resultado de interações complexas entre os minerais, as plantas e a biota edáfica. Possui, assim, grande relevância devido ao seu papel de interface entre a litosfera, a atmosfera, a hidrosfera e a biosfera. Desse modo, esse recurso natural, que também é compreendido como um sistema trifásico, dividido entre sólido, líquido e gasoso, se configura como um geossistema que compõe e modifica uma paisagem, capaz de processar distintas cargas de matéria e energia dispostas no meio ambiente (Lepsch, 2011; Vezzani e Mielniczuk, 2011).

A capacidade de processamento de tal sistema pode indicar o seu grau de qualidade, conforme o nível de seu desenvolvimento pedogenético, bem como sinalizar o volume de material que poderá ser absorvido e/ou

A importância de serem compreendidos os solos, seus usos e sua conservação...

descartado. Assim, os elementos e atributos que compõem os solos exprimem sua função ambiental, uma vez que são eles os mecanismos responsáveis pelo processamento da energia e da matéria (Vezzani e Mielniczuk, 2011).

O clima, o tempo, o tipo de cobertura vegetal, o relevo, a presença de organismos vivos (macro e microfauna) e o material de origem (mineral e orgânica) do solo são os elementos e atributos fundamentais que interagem entre si e que constituem a complexidade e dinâmica do sistema. Juntos são responsáveis pelo processamento de elementos químicos ambientais (ciclo biogeoquímico) e pelo ciclo hidrológico que ocorre no solo, distribuídos nos espaços, além de compor as paisagens (Winck *et al.*, 2014).

A interação harmônica entre esses elementos está intrinsecamente relacionada com o nível de risco socioambiental de determinada área, visto que a resistência do solo depende da sua qualidade, bem como do tipo de uso e manejo, ações essas que podem comprometer a qualidade do solo e o processamento de energia e matéria, os quais, quando não dissipados e/ou absorvidos pelo solo, redistribuem toda a carga na paisagem, aumentando os riscos sociais frente aos desequilíbrios ambientais (Chaponniere *et al.*, 2008; Wauters *et al.*, 2010; Sant'Anna Neto, 2011; Hewitt e Mehta, 2012; Palomo, 2017). Por conseguinte, compreende-se como a análise do solo está diretamente associada à prevenção dos riscos socioambientais, já que a alteração do primeiro implicará a variabilidade do segundo ou vice-versa (**Figuras 7.2A e 7.2B**).

Veja a Figura 7.2A do caderno de imagens — Relação entre a qualidade do solo e o processamento de energia e matéria; bem como sua influência no grau de risco socioambiental (Figura 7.2B).

A cobertura vegetal é fundamental para manter uma boa estrutura do solo e, assim, auxiliar no fluxo de energia e matéria em sua matriz. As raízes auxiliam na formação de poros e na sua conectividade, que servem de caminhos para a percolação da água pelo sistema, contribuindo para o equilíbrio do ciclo hidrológico, bem como para a resistência do solo frente aos processos erosivos e movimentos de massa. Um solo com boa capacidade de absorver, armazenar e drenar a água evita problemas sociais e econômicos, uma vez que inibe o processo de escoamento superficial acelerado, o qual aumenta a descarga de matéria e energia no sistema seguinte com o qual se conecta, como os rios e lagos. Como consequência desse desequilíbrio, pontua-se o aumento da vazão de fundos de vales e o seu processo de assoreamento, culminando em enchentes e inundações nos espaços sociais (Kiehl, 1979; Vezzani e Mielniczuk, 2011; Guerra *et al.*, 2017).

Salienta-se, também, que uma cobertura pedológica com presença de floresta é fundamental para o incremento de matéria orgânica no solo (MO). As folhagens, quando caem, são depositadas na superfície do solo e formam uma importante camada protetora contra a energia cinética da chuva, além de absorverem cerca de 350% de umidade, aumentando a capacidade de absorção de líquido do solo e diminuindo os problemas de saída desse elemento do sistema em elevado volume e magnitude, o que poderia culminar em riscos socioambientais graves (Brady, 1983; Campos *et al.*, 2008; Lepsch, 2011).

A MO é fundamental para conferir ao solo resistência frente aos agentes modeladores do relevo, pois ajuda na formação de agregados complexos (macro e microagregados). Assim, a serapilheira confere material orgânico ao solo para ser incorporado em seu sistema, mas é por meio do auxílio da atividade da biota edáfica que ocorrerá a decomposição dessa matéria, bem como a ciclagem dos nutrientes na superfície da cobertura pedológica (Winck, 2014; Loss, 2015).

Conhecer o processo de formação dos solos, assim como os elementos que os compõem, é importante na análise de suas propriedades físicas e químicas, que se constituem naturalmente a partir do material de origem (mineral e orgânico) e são influenciadas pelas atividades do clima, tempo, da cobertura vegetal, biota edáfica e do relevo, podendo indicar qualidades e fragilidades naturais nos sistemas para determinadas atividades humanas. A textura, por exemplo, implica o conhecimento dos tamanhos das partículas sólidas que compõem os solos (Areia: 0,02 — 2 mm de diâmetro; silte: 0,002 — 0,02 mm; e argila: < 0,002 mm), que influenciam na infiltração e drenagem, na hidroerosão, entre outros processos ambientais associados aos riscos naturais de um terreno (Tominaga *et al.*, 2007; Lepsch, 2011; Guerra *et al.*, 2017).

Logo, um solo arenoso, que tem como composição predominante a fração areia, reflete um sistema mais poroso e com grande capacidade de absorver e drenar água, mas possui naturalmente maior probabilidade erosiva, pois, devido a suas frações maiores, a capacidade de atração entre as partículas, e de formar agregados mais resistentes, é menor em relação a um solo argiloso. Este, por sua vez, é composto predominantemente pela fração argila, que tem como característica uma maior proximidade entre as partículas, já que é a menor fração que compõe o solo, sendo importante para a maior resistência dos agregados (Zinn *et al.*, 2011).

Contudo, a fragilidade do solo e sua suscetibilidade a riscos estarão mais associadas com o tipo de atividade que nele se desenvolverá. Como salienta Pereira *et al.* (2016), os solos com as mesmas características granulométricas de uma mesma área, em Ubatuba, São Paulo, apresentam características distintas de sua qualidade devido à atividade turística. Observa-se que o solo da floresta possui elementos fundamentais para a dissipação e o processamento de energia e matéria, como uma camada espessa de MO na superfície, que auxilia na resistência dos agregados, bem como a biota edáfica e de poros, que auxiliarão na drenagem da água (**Figura 7.3A**). Em contrapartida, no solo do piso da trilha, onde se estabelece a atividade turística inadequada, se observa um sistema menos complexo, com baixa porosidade e atividade biológica e pouco estoque de MO, corroborando a maior fragilidade da área e as perdas de partículas de solo e água superficialmente em razão da baixa capacidade de processamento dessas matérias (**Figura 7.3B**).

Veja as Figuras 7.3A e 7.3B do caderno de imagens — Ilustração de duas matrizes de solos.

Entender a dinâmica da matriz do solo é essencial para conhecer as características ambientais que propiciam qualquer tipo de atividade humana, pois a organização do espaço geográfico dependerá das funções que determinado sistema ambiental tem a oferecer. A compreensão do solo, portanto, serve de base para entender sua capacidade de resistência, ao passo que é utilizado para promulgar meios e técnicas que minimizem os impactos, além de sensibilizar a sociedade para uma relação sustentável com os recursos naturais (Pereira e Rodrigues, 2013). Desse modo, o conhecimento das características dos solos também ajuda a avaliar a fragilidade do terreno e é uma das principais ferramentas de prevenção de riscos naturais.

Nessa perspectiva, o arcabouço conceitual e teórico-metodológico da Geografia Física na atualidade possui um leque de opções para construir, com a sociedade, a conscientização no uso e manejo dos recursos ambientais. A ciência geográfica tem muito a contribuir com o modo de produção social do espaço e, com suas técnicas avançadas, pode servir de base para uma Educação Ambiental de qualidade, aproximando-se desta o ensino básico de uma educação geográfica eficiente. Esse termo moderno, por sua vez, é utilizado para se referir a um sistema educativo que trabalhe os conteúdos, temas e conceitos da sociedade contemporânea de modo a contribuir efetivamente no desenvolvimento de competências e habilidades cognitivas do indivíduo (Afonso, 2015).

A Educação Ambiental a respeito dos solos na disciplina de Geografia serve como base para mitigar a problemática relação entre a atividade humana e as variáveis ambientais que atuam no espaço. Essas ações de sensibilização ambiental, por meio de abordagens espaciais do solo no processo de ensino e aprendizagem, têm como consequência a formação de indivíduos conscientes e ativos na produção e organização do espaço geográfico, fundamental para a prevenção de riscos naturais.

Conservação dos solos: o papel da Educação Ambiental na prevenção dos riscos socioambientais

A Educação Ambiental (EA) diz respeito a uma dimensão da educação, incrementada nas Leis de Diretrizes e Bases da Educação e na Base Nacional Comum Curricular. De acordo com a Política Nacional de Educação Ambiental — Lei nº 9.795/1999, Art. 1º:

> Entendem-se por Educação Ambiental os processos por meio dos quais o indivíduo e a coletividade constroem valores sociais, conhecimentos, habilidades, atitudes e competências voltadas para a conservação do meio ambiente, bem de uso comum do povo, essencial à sadia qualidade de vida e sua sustentabilidade (PNEA, 1999).

Rodriguez e Silva (2017) ponderam que o desenvolvimento de um tipo específico de educação, a EA, foi necessário em virtude do uso intensivo dos sistemas naturais, o que levou a humanidade a mergulhar em uma profunda crise civilizatória de caráter ambiental. E, por isso, a necessidade iminente de articular questões relacionadas à sociedade e à natureza no processo de aprendizagem, no qual os educandos são incitados a pensar sobre sua realidade local, para posterior construção coletiva de conhecimento, baseado nas experiências de vida e na ciência, visando à prevenção, bem como à solução dos problemas ambientais.

Diante do sistema econômico prevalente, pautado na exploração massiva dos recursos naturais, a EA adquire caráter subversivo, pois implica mudanças de pensamentos e formas de agir radicais, causando rupturas na relação entre o homem e a natureza, há muito consolidada. Sua dimensão ultrapassa o campo educacional, fortalece as lutas ambientalistas e os movimentos sociais. Nessa perspectiva, a força da EA se dá, sobretudo, enquanto forma de pôr em prática novas atitudes, levando em consideração as diversas maneiras de ver o mundo, indo muito além da conscientização de pessoas (Morin, 2001; Sato, 2001).

A articulação entre a dimensão cultural e a dimensão ambiental é fundamental na EA, pois cada pessoa ou grupo social desenvolve sua visão de natureza de acordo com a realidade local, o que implica a construção de múltiplas representações sobre o meio ambiente. A resolução dos problemas ambientais está intrinsecamente relacionada à resolução dos problemas complexos dos sistemas sociais, e a ação educativa que considere complementares ambas as dimensões pode garantir a afirmação do desenvolvimento socioambiental.

Por conseguinte, considerando que os problemas relacionados aos solos resultam, muitas vezes, da falta de informação no que diz respeito às suas potencialidades e limitações, sua conservação pode ser fomentada por meio da Educação Ambiental. Seja integrada nas escolas ou nas comunidades locais, por meio de diferentes atividades, a EA pode divulgar conhecimento, transformar atitudes e sensibilizar as pessoas quanto à necessidade de proteção e conservação dos solos, além de auxiliar na mitigação dos riscos socioambientais.

O solo, componente essencial dos sistemas ambientais, tem sua importância frequentemente desconsiderada e pouco valorizada nas grades curriculares dos Ensinos Fundamental e Médio do país. Apesar de estar presente nos Parâmetros Curriculares Nacionais, o conteúdo sobre solos apresenta falhas tanto na abordagem dos livros didáticos quanto na formação básica e continuada dos professores (Lima, 2005). O abismo existente entre as universidades e as escolas, e o fato de que o conhecimento científico, muitas vezes, fica restrito ao ambiente universitário, também corrobora para que a abordagem dos solos esteja, por vezes, desatualizada, incompleta e em desacordo com a realidade socioambiental enfrentada pelo país.

Iniciativas que objetivem o intercâmbio entre o conhecimento acadêmico e o escolar podem contribuir para o desenvolvimento de estudos mais completos sobre solos, por meio da compreensão da realidade local. Para tal, aulas de campo se configuram como instrumentos interessantes para o estabelecimento de um rico diálogo com a realidade (**Figuras 7.4A e 7.4B**), pois, como ressalta Coltrinari (1999), o momento fundamental do fazer geográfico se concretiza no trabalho de campo, seja no próprio desenvolvimento da pesquisa, na transmissão do conhecimento ou mesmo na formação daqueles que serão responsáveis pelo saber geográfico.

Veja as Figuras 7.4A e 7.4B do caderno de imagens — Educação ambiental em solos desenvolvida por pós-graduandos em Geografia da UFRJ com alunos do Ensino Fundamental, em Ubatuba, SP: explanação teórica com uso de imagens ilustrativas (A) e aula de campo analisando o pH do solo e a atividade da fauna endopedônica (B).

As aulas de campo desenvolvidas com alunos do Ensino Fundamental partem do seu conhecimento prévio sobre solos, seus usos e percepções do cotidiano. Em seguida, são inseridas as informações científicas, buscando sempre articulá-las à realidade local. O contato empírico com o solo desperta curiosidade e proporciona novas descobertas, imprescindíveis para a construção do conhecimento e mudança de atitude no que tange à conservação dos solos.

Nas escolas, a EA a respeito dos solos, articulada aos currículos escolares, auxilia no aprofundamento do conteúdo, complementando as possíveis lacunas que empobrecem a compreensão desse recurso natural. Em exposições didáticas, podem ser exercitadas a observação e a experimentação (**Figuras 7.5 e 7.5B**). Trata-se de uma experiência sensorial em que podem

A importância de serem compreendidos os solos, seus usos e sua conservação...

ser explorados aspectos relativos às características dos solos, como cor, pedregosidade, sedosidade, elasticidade, entre outros. E, posteriormente, é possível fazer relações com vários tipos de solos com características distintas na natureza.

Veja as Figuras 7.5A e 7.5B do caderno de imagens — Educação Ambiental aplicada aos solos desenvolvida com alunos do 5° ano da Escola Municipal Nativa Fernandes de Faria, em Ubatuba, SP: experiência sensorial para análise das características macromorfológicas do solo, como textura, pegajosidade e elasticidade.

Torna-se importante a conexão, sempre que possível, com a realidade dos educandos. O uso dos problemas socioambientais locais, que fazem parte do cotidiano, se configura um meio pelo qual o confronto entre a teoria e a realidade pode ser realizado. Salientar, por exemplo, as características da ocupação do solo local, espaço de vivência dos educandos, e os possíveis problemas socioambientais oriundos dessa ocupação, como enchentes, deslizamentos e erosão, pode contribuir para a contextualização dos conteúdos didáticos e estimular mudanças de comportamento e ações em prol da conservação dos solos.

A Geografia tem muito a contribuir para o fortalecimento da consciência ambiental, estabelecendo o aprofundamento da compreensão da componente física e humana da paisagem, nas suas diferentes escalas de análise, a partir de uma visão integradora e holística. Além disso, auxilia na mitigação dos riscos socioambientais, formando indivíduos capazes de pensar e agir para o enfrentamento dos desafios ambientais.

Na acepção de Afonso (2015), de modo geral, a educação geográfica conseguiu estimular uma conscientização ambiental a partir da década de 1990, quando temáticas relacionadas à dinâmica da natureza e sua relação com a atividade humana começaram a ser inseridas nos livros didáticos de Geografia da educação básica. De acordo com a autora:

> Conhecer superficialmente os processos físico-naturais do espaço geográfico pode contribuir para o comportamento inadequado da população no que se refere à ocupação da superfície terrestre, ao uso e gerenciamento das águas, rochas, formas de relevo, solos e biomas (Afonso, 2015).

Nessa perspectiva, ainda há um caminho longo a percorrer para alcançar a conscientização e as mudanças de atitude voltadas para a conservação dos solos e proteção dos sistemas naturais como um todo. A EA pode, por sua vez, contribuir efetivamente para a disseminação de informações quanto ao papel desempenhado pelos solos na manutenção do equilíbrio ambiental e sua relevância para a qualidade de vida do ser humano, ao mostrar que esse recurso natural é resultado do funcionamento dinâmico de vários componentes como um sistema vivo.

Considerações finais

A tomada de decisões governamentais que visem à conservação dos recursos naturais é primordial diante dos problemas ambientais, que afetam a qualidade de vida de milhões de pessoas e muitas vezes abrangem a escala global. Contudo, ações em escala local que promovam a cidadania perante o meio ambiente, com participação efetiva em iniciativas voltadas para a resolução das questões ambientais, também possuem importância fundamental.

A Educação Ambiental aplicada aos solos pode auxiliar na construção de conhecimento, na conscientização e mudar a relação da sociedade com o meio ambiente, contribuindo para a conservação dos solos de maneira efetiva em médio e longo prazos. Formar indivíduos ativos que consigam compreender sua realidade e as interações com a natureza e agir em prol da mitigação dos problemas ambientais constitui um passo relevante para a prevenção de desastres naturais, cada vez mais intensificados pelas atividades humanas.

Ressalta-se a importância da formação de professor-pesquisador dos docentes do ensino básico, que vão traduzir e interpretar, junto aos discentes, a gênese e evolução dos solos, conteúdos distantes da realidade e do conhecimento básico dos alunos, que observam o solo de modo mais horizontalizado e fragmentado em relação aos sistemas ambientais, sem conhecer a complexidade das funções dos solos para o equilíbrio entre as atividades sociais e a dinâmica dos ecossistemas.

Nessa perspectiva, o conhecimento das características dos solos, bem como de suas potencialidades e limitações para determinadas atividades, perpassa por uma visão totalizadora de tal sistema, aproximando-se de uma compreensão verticalizada de tal recurso natural. Logo, salienta-se a importância de compreender a dinâmica dos solos, bem como as consequências de seus usos, e sua conservação nas práticas de ensino e conscientização por meio da Educação Ambiental para auxiliar na prevenção dos riscos socioambientais.

Referências bibliográficas

AFONSO, A. E. "A geografia da natureza no ensino de Geografia: propostas para a Educação Ambiental e preventiva de riscos naturais." *Giramundo*, Rio de Janeiro, v. 2, n. 4, pp. 83-93, 2015.

AGUIAR, F. E. O. "As alterações climáticas em Manaus no século XX." Dissertação (Mestrado). Instituto de Geociências, Departamento de Geografia, Universidade Federal do Rio de Janeiro. Rio de Janeiro. 182 p. 1995.

AVELAR, A. S.; COELHO NETTO, A. L.; LACERDA, W. A.; BECKER, L. B.; MENDONÇA, M. B. "Mechanisms of the recent catastrophic landslides in the mountainous range of Rio de Janeiro, Brazil." *Proceedings of the Second World Landslide Forum* —3-7, Roma, 2011.

BELLUCCO, A.; CARVALHO, A. M. P. "Uma proposta de sequência de ensino investigativa sobre quantidade de movimento, sua conservação e as leis de Newton." *Cad. Bras. Ens. Fís.*, v. 31, n. 1, pp. 30-59, 2014.

BOWEN, G. "The diversified economics of soil water." *Nature*, v. 525, pp. 43-44, 2015.

BRADY, N. C. "Matéria orgânica dos solos minerais." In: BRADY, N. C. *Natureza e Propriedades dos solos*, 6ª ed. Rio de Janeiro: Freitas Bastos, pp. 337-375, 1983.

CAMPOS, E. H.; ALVES, R. R.; SERATO, D. S.; RODRIGUES, G. S. S. C.; RODRIGUES, S. C. "The Accumulation of Organic Material under Different Natural Vegetation in Uberlândia, MG". *Sociedade & Natureza*, Uberlândia, 20 (1): 189-203. 2008.

CARDOSO, A. "Behind the Life Cycle of Coal: Socio-environmental Liabilities of Coal Mining in Cesar, Colombia". *Ecological Economics*, v. 120, pp. 71-82. 2015.

CARVALHO, D. T. "As políticas públicas de gestão de desastres ambientais: o caso do município de Niterói após o episódio do Morro do Bumba." Dissertação (mestrado). Programa de Pós-Graduação em Sociologia e Direito — PPGSD, Universidade Federal Fluminense. Rio de Janeiro, 2014.

CASTRO, C. M.; PEIXOTO, M. N. O.; DO RIO, G. A. P. "Riscos ambientais e Geografia: conceituações, abordagens e escalas." *Anuário do Instituto de Geociências* — UFRJ, ISSN 0101-9759, v. 28(2), pp. 11-30, 2005.

CASTRO, I. E. "Entre a política e a nova agenda da geografia." *Revista Continentes*, v. 7, pp. 9-35, 2015.

CHAPONNIERE, A.; BOULET, G.; CHEHBOUNI, A.; ARESMOUK, M. "Understanding Hydrological Processes with Scarce Data in a Mountain Environment." *Hydrological Processes*. Wiley, v. 22 (12), pp. 1908-1921. 2008.

CHRISTOFOLETTI, A. *Modelagem de Sistemas Ambientais*. São Paulo: Edgard Blücher Ltda., 1999.

COELHO NETTO, A. L.; SATO, A. M.; AVELAR, A. S.; VIANNA, L. G. G.; ARAÚJO, I. S.; DAVID, L. C. FERREIRA, D. L. C.; LIMA, P. H.; SILVA, A. P.; SILVA, R. P. "January 2011: the Extreme Landslide Disaster in Brazil." *Proceedings of the Second World Landslide Forum* —3-7, Roma, 2011.

COLTRINARI, L. "O trabalho de campo na Geografia do século XXI." *Revista Geousp*, n. 4, pp. 103-108, 1999.

COMPIANI, M. "O lugar e as escalas e suas dimensões horizontal e vertical nos trabalhos práticos: implicações para o ensino de ciências e Educação Ambiental. *Ciência e Educação* (UNESP), v. 13, pp. 29-45, 2007.

DOURADO, F.; ARRAES, T. C.; SILVA, M. F. "The 'Megadesastre' in the Mountain Region of Rio de Janeiro State — Causes, Mechanisms of Mass Movements and Spatial Allocation of Investments for Reconstruction Post Disaster." *Anuário do Instituto de Geociências* — UFRJ v. 35, n. 2, pp. 43-54, 2012.

EVARISTO, J.; JASECHKO, S.; MCDONNELL, J. J. "Global Separation of Plant Transpiration from Groundwater and Streamflow". *Nature*, v. 525, pp. 91-94, 2015.

GUERRA, A. J. T. "Degradação dos solos — conceitos e temas." In: GUERRA, A. J. T. & JORGE, M. C. O. (orgs.). *Degradação dos solos no Brasil.* Rio de Janeiro: Bertrand Brasil, 2014.

_____. *Erosão dos solos e movimentos de massa: abordagens geográficas.* Curitiba: CRV. 2016.

GUERRA, A. J. T.; FULLEN, M. A.; JORGE, C. O. M.; BEZERRA, J. F. R.; SHOKR, M. S. "Slope Processes, Mass Movement and Soil Erosion: a Review." *Pedosphere*, v. 27, n. 1, pp. 27-41. 2017.

HEWITT, K; MEHTA, M. "Rethinking Risk and Disasters in Mountain Areas." *Revue de géographie alpine/Journal of Alpine Research*, pp. 100-101. 2012. http://www.mma.gov.br/educacao-ambiental/politica--de-educacao-ambiental. Acesso em 10 de março de 2019.

JORGE, M. C. O.; GUERRA, A. J. T.; FULLEN, M. A. "Geotourism and Footpath Erosion: a Case Study from Ubatuba, Brazil." *Geography Review*, v. 29, n. 4, pp. 26-29, 2016.

KIEHL, E. J. *Manual de edafologia, relações solo-planta.* São Paulo: Ceres. 1979.

KLIK, A.; EITZINGER, J. "Climate Change and Agriculture Paper Impact of Climate Change on Soil Erosion and the Efficiency of Soil Conservation Practices in Austria." *Journal of Agricultural Science*, n. 148, pp. 529-541, 2010.

LEPSCH, I. *19 lições de pedologia.* São Paulo: Oficina de Textos. 2011.

LIMA, M. R. "O solo no ensino de ciências no Nível Fundamental." *Ciência & Educação*, v. 11, n. 3, pp. 383-394, 2005.

LOSS, A.; BASSO, A.; OLIVEIRA, B. S.; KOUCHER, L. P.; OLIVEIRA, R. A.; KURTZ, C.; LOVATO, P. E.; CURMI, P.; BRUNETTO, G.; COMIN, J. J. "Total Organic Carbon and Soil Aggregation under a No-Tillage Agroecological System and Conventional Tillage System for Onion." R. Bras. Ci. Solo, 39:1212-1224. 2015.

MORGAN, R. P. C. *Soil Erosion and Conservation.* England: Blackwell, 2005.

MORIN, E. "Por un pensamiento ecologizado". In TORRES, M. (org.). *Formación de Dinamizadores en Educación Ambiental.* Santafé de Bogotá: MEN, ICFES, UDFC & Fondo de Colombia, pp. 13-27, 2001.

PALOMO, I. "Climate Change Impacts on Ecosystem Services in High Mountain Areas: A Literature Review." *Mountain Research and Development*, v. 37, n. 2, pp. 179-187, 2017.

PEREIRA, L. S.; RODRIGUES, A. M.; JORGE, M. C. O.; GUERRA, A. J. T.; FULLEN, M. "Hydro-erosive Processes in Degraded Soils on Gentle Slope." *Revista Brasileira de Geomorfologia*, v. 17, n. 2, 2016.

PEREIRA, L. S., RODRIGUES, A. M. "Sistemas de manejo de cultivo mínimo e convencional: análise temporal da dinâmica hidrológica do solo e da variação produtiva em ambiente serrano." *Revista Brasileira de Geografia Física*. 6(6), 1658-1672. 2013.

PIMENTEL, D. "Soil Erosion: a Food and Environmental Threat." *Environment, Development and Sustainability*, 8: 119-137, 2006.

RODRIGUES, A. M.; PEREIRA, L. S.; JORGE, M. C. O.; GUERRA, A. J. T. "Análises físico-químicas de solo de taludes de corte de mineração: o contexto ambiental da bacia hidrográfica do rio Maranduba, Ubatuba, SP." *Revista Caminhos de Geografia*, v. 19, n. 67, pp. 157-174, 2018.

RODRIGUEZ, J. M. M.; SILVA, E. V. da. *Educação ambiental e desenvolvimento sustentável: problemática, tendências e desafios*. 5ª ed. 244 p. Fortaleza: Expressão Gráfica e Editora, 2017.

SANT'ANNA NETO, J. L. "O clima urbano como construção social: da vulnerabilidade polissêmica das cidades enfermas ao sofisma utópico das cidades saudáveis." *Revista Brasileira de Climatologia*, v. 8, pp. 45-60, 2011.

SANTOS, D. D., GALVANI, E. "Seasonal and Time Distribution of Rainfall in Caraguatatuba-SP and Extreme Events Occurring in the Years 2007 to 2011." *Ciência e Natureza*, Santa Maria, v. 36(2), 214-229. 2014.

SATO, M. "Debatendo os desafios da Educação Ambiental." In: *I Congresso de Educação Ambiental Pró-Mar de Dentro*. Rio Grande: Mestrado em Educação Ambiental, FURG & Pró Mar de Dentro, 2001.

SETTE, D. M.; RIBEIRO, H. "Interações entre o clima, o tempo e a saúde humana." *Revista Saúde, Meio Ambiente e Sustentabilidade*, v. 6, n. 2, pp. 37-51. 2011.

TOMINAGA, L. K. "Avaliação de metodologias de análise de risco a escorregamentos: aplicação de um ensaio em Ubatuba, SP." Tese (doutorado). Universidade de São Paulo, 2007.

TRICART, J. L. F. *Paisagem e Ecologia*. São Paulo: Igeo/USP, 1981.

VEZZANI, F. M.; MIELNICZUK, J. "Agregação e estoque de carbono em argissolo submetido a diferentes práticas de manejo agrícola." *Revista Brasileira de Ciência do Solo*, v. 35, pp. 213-223, 2011.

_____. *O solo como sistema*. Curitiba. 1ª ed. 104 p. 2011.

WAUTERS, E.; BIELDERS, C.; POESEN, J.; GOVERS, G.; MATHIJS, E. "Adoption of Soil Conservation Practices in Belgium: an Examination of the Theory of Planned Behavior in the Agri-Environmental Domain." *Land Use Policy*, v. 27(1), p. 86(9). 2010.

WINCK, B. R.; VEZZANI, F. M.; DIECKOW, J.; FAVARETTO, N.; MOLIN, R. "Carbono e nitrogênio nas frações granulométricas da matéria orgânica do solo em sistemas de culturas sob plantio direto." *Revista Brasileira de Ciência do Solo*, 38:980-989. 2014.

ZINN, Y. L.; LAL, R.; RESCK, D. V. S. "Eucalypt Plantation Effects on Organic Carbon and Aggregation of Three Different-textured Soils in Brazil." *Soil Research, Collingwood*, v. 49, n. 7, pp. 614-624, 2011.

8

As Unidades de Conservação e os riscos: o papel da Educação Ambiental para a comunidade do entorno

Edileuza Dias de Queiroz
Universidade Federal Rural do Rio de Janeiro
edileuzaqueiroz@gmail.com

Lucas da Silva Quintanilha
Universidade Federal Rural do Rio de Janeiro
lucasquintanilha18@gmail.com

Introdução

A questão ambiental tem sido alvo de reflexões, debates e embates por diferentes atores sociais. Nesse ínterim, buscam-se soluções para as diversas demandas que emergem. Nessa direção, Quintas (2009) afirma que "[...] qualquer problema ambiental para ser entendido deve ser estudado como um produto da interpretação de fatores sociais, econômicos, políticos, culturais, éticos, históricos e biológicos. Por tudo isso, diz-se que a questão ambiental é complexa."

Entre as diferentes demandas do contexto ambiental, sobressaem os riscos, cujo conceito pode ser considerado polissêmico, segundo Castro, Peixoto e Rio (2005), o conceito pode ser associado "[...] *a priori* às noções de incerteza, exposição ao perigo, perda e prejuízos materiais, econômicos e humanos em função de processos de ordem 'natural' (tais como os processos exógenos e endógenos da Terra) e/ou daqueles associados ao trabalho e às relações humanas". Entretanto, Ferreira (2018) salienta que "[...] eventos naturais que tragam alterações somente ao ambiente, indiferentemente de sua intensidade, não são considerados risco [...]", alertando ainda que,

Para a análise visando à gestão dos riscos, é mais comum a definição de risco baseado em probabilidades de ocorrência de um fenômeno danoso, porque facilita o desenvolvimento de ações práticas para a minimização dos desastres, como a produção de mapas de risco, obras de infraestrutura, entre outros (Ferreira, 2018).

Assim, no sentido de contribuir para o processo de desenvolvimento de determinadas ações práticas que possibilitem o engajamento das pessoas em situação de risco, sobressai a Educação Ambiental (EA), uma vez que tem condições de:

[...] auxiliar-nos em uma compreensão do ambiente como um conjunto de práticas sociais permeadas por contradições, problemas e conflitos que tecem a intrincada rede de relações entre os modos de vida humanos e suas formas peculiares de interagir com os elementos físico-naturais de seu entorno, de significá-los e manejá-los (Carvalho, 2008).

Dessa forma, observamos que é possível construir caminhos para a compreensão das realidades socioambientais e intervir a partir disso na solução dos problemas existentes. Diversas oportunidades de produzir ações transformadoras são encontradas ao analisar as práticas envolvendo a EA. Igualmente, podem-se destacar as múltiplas possibilidades de abordagem do conceito de risco. Com base em nossa experiência, buscamos aqui conectar as informações e compartilhar as possíveis ações educativas que transformam gradativamente os espaços naturais, assegurando a permanência dos elementos naturais presentes nesses ambientes e reduzindo os condicionantes do risco.

As Unidades de Conservação (UC) se caracterizam como espaços naturais onde as práticas da EA são possíveis e apresentam diversas ações transformadoras. Nesse contexto, Queiroz (2018), ressalta que a EA "é um processo que em médio e longo prazo possibilita programas específicos nesses espaços, contribuindo para a efetivação de práticas sustentáveis que fortaleçam políticas de ordenamento territorial e ambiental".

Ao ter em vista o grande potencial que esses territórios têm para desenvolver uma EA que articule os objetivos da conservação ambiental com os objetivos da transformação social, destaca-se a importância da implementação de ações que capacitem os atores (guardas, gestores, voluntários, pesquisadores, entre outros) a intervir, sempre que necessário, nesses espaços naturais, para que os objetivos surgidos a partir dessa articulação sejam alcançados, e as transformações, efetivas.

A EA transcende os espaços de educação formal — escolas e universidades. O conhecimento ambiental não se limita, ele é renovado constantemente, e isso nos impulsiona a descobrir as realidades e práticas que efetivamente trarão retorno para a natureza e os atores alcançados por essa educação. Guimarães (2013) afirma que:

> Na relação do ser humano com o meio, que atualmente parece se processar de forma bastante desequilibrada, dominadora, neurotizante, é que a EA tem um grande campo a desenvolver. Praticando um trabalho de compreensão, sensibilização e ação sobre essa necessária relação integrada do ser humano com a natureza; adquirindo uma consciência da intervenção humana sobre o ambiente que seja ecologicamente equilibrada.

Nesse contexto, as UCs são classificadas como espaços fundamentais para que as práticas de educação sejam realizadas. Essas unidades contribuem para o trabalho dos educadores, pois possibilitam uma educação relacionada com a realidade. Um dos argumentos que podem ser considerados para expressar o potencial de uma UC é dado pela importância das dinâmicas ambientais, sendo fator para a preservação da biodiversidade local e global, envolvendo a manutenção ecológica e cultural atribuída ao espaço (Valenti, *et al.* 2012; Vallejo, 2013). Quando se inicia o desequilíbrio ambiental pelos mais variados fatores, há a probabilidade de grandiosos impactos que podem ser revertidos pelos trabalhos educativos.

Os aspectos culturais de uma comunidade podem interferir diretamente no processo de conservação dos elementos ecossistêmicos presentes em uma UC. Independentemente da localização desses moradores — estando eles dentro da UC ou no entorno —, as práticas por eles desenvolvidas podem comprometer o seu bem-estar e alterar a qualidade dos serviços ecossistêmicos prestados pela natureza.

Prosseguimos no processo de reconhecimento desses espaços naturais — sendo representados pelas UCs —, apresentando a realidade dessas unidades na atual conjuntura política brasileira e a importância da EA no contexto escolar e com as comunidades no entorno das UCs.

Unidades de Conservação: espaços protegidos de quem e para quem?

No Brasil, a expressão Unidades de Conservação é atribuída aos espaços que buscam preservar amostras representativas dos ecossistemas naturais e se justificam por providenciar inúmeros benefícios à sociedade (Dourojeanni e Pádua, 2013). Para esses autores, tais benefícios vão desde a preservação da biodiversidade biológica para garantir o futuro das atividades agropecuárias, industrial e farmacêutica até a manutenção de ciclos biogeoquímicos como os do carbono e da água, entre outros menos evidentes. Além disso, há o desenvolvimento econômico de determinadas regiões ancorado no turismo, na recreação e em determinados esportes. Também são espaços imprescindíveis para o desenvolvimento de atividades educacionais e para a ciência.

Segundo Layrargues (2012), a natureza pode ser compreendida como uma entidade capaz de gerar bens de duas ordens: produtos e serviços. Os produtos seriam os recursos utilizados direta ou indiretamente na atividade econômica — como madeiras, raízes, frutos etc. —, e os serviços estariam relacionados com regulações feitas pela natureza para a manutenção do ecossistema e de atividades humanas cujos ambientes favorecem o seu desenvolvimento, como recreação, turismo e educação. Entretanto, essa percepção da realidade não é comum para a grande maioria das pessoas, conforme assinalado pelo próprio autor (ibidem). "A natureza é considerada pela sociedade moderna apenas como uma fonte de produtos (recursos diretos) e de matéria-prima (recursos indiretos). Não se reconhece a natureza no serviço, pois nós só valorizamos o produto final sem nos dar conta do processo."

Nesse sentido, Morais (2005) ressalta que "o valor genérico atribuído à natureza e aos meios naturais, logo à disposição de conservá-la ou preservá--la, é também um constructo cultural e político que varia bastante conforme as épocas ou sociedades analisadas". Portanto, é preciso considerar o contexto sócio-histórico-político de cada sociedade e seu respectivo tempo para a compreensão do significado da natureza para cada modelo societário.

No que tange aos valores advindos da conservação da natureza, Terborgh e Schaik (2002) afirmam que "os benefícios fundamentais derivados da conservação da natureza são intangíveis, relacionados com a recreação, bem-estar físico e o valor intrínseco da própria natureza". Dessa forma, podemos dizer que as UCs são provedoras de benefícios difíceis de ser mensurados.

Medeiros e Garay (2006), debatendo a respeito da conservação e do uso da biodiversidade, afirmam que a criação de espaços protegidos

> [...] pode ser considerada uma importante estratégia de controle do território que visa a estabelecer limites e dinâmicas próprios de uso e ocupação. Tal controle, assim como os critérios de uso que o sustentam, responde frequentemente à valorização dos recursos naturais existentes — não somente econômica, como também cultural, espiritual ou religiosa — e, também, à necessidade de resguardar biomas, ecossistemas e espécies raras ou ameaçadas de extinção.

Dessa forma, podemos refletir acerca da importância das UCs para a manutenção e permanência da biodiversidade brasileira, sendo possível também perceber que, além da conservação, são diversas as intencionalidades e os interesses que estão sendo projetados para esses espaços. E alguns questionamentos surgem, tais como: qual é o futuro desses espaços naturais? Seguindo uma análise do contexto sócio-histórico-político, quais são os projetos políticos da nova gestão governamental para esses espaços? Esses projetos colocam as UCs e as comunidades do entorno em situações de risco? Case coloquem, que risco é esse?

Quando nos questionamos e analisamos a trajetória da política brasileira e o seu olhar para os espaços naturais, identificamos o agravo em todo o processo histórico-ambiental do Brasil. A partir de uma análise histórica, os espaços naturais brasileiros sofreram com os impactos causados pelas ações antrópicas e pelo modelo cultural de exploração empregado pelo povo brasileiro, principalmente pelos gestores públicos.

Recentemente, nos questionamos acerca das futuras ações do campo político com relação à estrutura ambiental do Brasil. Essa temática é aflorada, pois observamos a cada ano o despertar de interesses pelas riquezas naturais no território brasileiro por parte das empresas que buscam o crescimento econômico. As medidas tomadas pelos governantes costumam privilegiar os setores econômicos e desenvolvimentistas, contribuindo consequentemente para o desequilíbrio socioambiental.

Considerando imprudentes as medidas defendidas pela gestão do presidente Jair Bolsonaro, eleito em 2018, realizamos uma previsão sucinta baseada nos discursos e projetos apresentados durante sua campanha eleitoral e o primeiro trimestre de 2019. Identificamos nos discursos pessoais de Jair Bolsonaro um conservadorismo político e um anseio pelo desenvolvimento econômico do país. Sendo assim, ele afirma que:

> O Brasil não suporta ter mais de 50% do território demarcado como terras indígenas, juntamente com Áreas de Proteção Ambiental (APA), com Parques Nacionais, e essas reservas todas atrapalham o desenvolvimento. Outros países conseguem manter e preservar o meio ambiente com menos áreas protegidas. O Brasil é o país que mais tem área protegida [...]. Não podemos continuar admitindo uma fiscalização xiita por parte do ICMBio e do Ibama, prejudicando quem quer produzir. (Candidato eleito à Presidência da República Federativa do Brasil, 2018)*

Destaca-se a importância da conservação desses espaços para a harmonização socioambiental do Brasil, uma vez que as pesquisas científicas verificam o crescente impacto gerado aos biomas brasileiros. Um dos maiores problemas ambientais no Brasil é o generalizado processo de desmatamento e o empobrecimento dos solos, ocasionado pela ampliação do agronegócio com o objetivo de fortalecer a economia brasileira.

As UCs foram criadas para conter o processo de exploração dos espaços naturais e preservar as espécies de fauna e flora; porém, após alguns anos,

---

* Discurso do candidato à Presidência da República, exibido pela Rede Globo de televisão, no dia 01/09/2018, no *Jornal Nacional*.

o modelo de criação das áreas protegidas no Brasil começou a ser repensado e consequentemente ocasionou a ampliação da visão para os aspectos socioambientais que envolviam a realidade das UCs e os riscos aos quais esses espaços legalmente protegidos e as comunidades estavam vulneráveis. Bensusan (2014) ressalta que:

> O estabelecimento das primeiras Unidades de Conservação, os parques nacionais, obedeceu a critérios estéticos e, só mais tarde, inclusive com a criação de novas modalidades de áreas protegidas, critérios supostamente mais técnicos foram adotados.

Em 2019, a discussão acerca das UCs foi retomada. Propôs-se revisar as 334 Unidades Federais, desde as criadas em 1934 até 2018, inserindo-as em novas categorias, mudando seus limites ou até mesmo extinguindo-as. Essas medidas contribuem para que comunidades e áreas naturais se encontrem em condições de risco, afetando diretamente a produção, o consumo e a escassez dos serviços ecossistêmicos prestados pelo meio ambiente.

No início dos anos 2000, as UCs brasileiras vivenciaram um novo ciclo histórico que durou até aproximadamente 2016. Constatou-se o aumento do número de leis objetivando combater os processos antrópicos degradativos, mas também se observou a ampliação do número desses impactos antrópicos. Hoje, há diversas iniciativas para punir criminosos ambientais; por outro lado, vemos uma redução na efetivação das punições para os envolvidos nesses crimes. Direitos conquistados com décadas de luta tem sido destruídos na gestão de Jair Bolsonaro em nome do crescimento econômico do país.

É importante investigar as consequências da minimização das punições e da fiscalização de áreas naturais na vida das pessoas inseridas em Unidades de Conservação e seu entorno. As condicionantes de risco nem sempre são advindas dos membros dessas comunidades ou dos fenômenos naturais. No Brasil, é comum a intervenção da elite exploradora na tomada de decisões que se refletem diretamente no bem-estar social dessas comunidades. Daí decorre a importância de uma EA que auxilie as comunidades a compreender o contexto socioambiental em que estão inseridas, sobretudo reconhecendo a relevância de suas práticas de resistência.

As Unidades de Conservação e os riscos • 139

As ações antrópicas e a origem dos riscos: uma análise a partir do esgotamento dos serviços ecossistêmicos

A relação entre os conceitos de risco, Unidades de Conservação e populações é fundamental na atual realidade socioambiental do Brasil; porém, observa--se que a compreensão dessas questões pode ser muitas vezes complexa. Compreender as problemáticas que emergem dos espaços naturais a partir das ações antrópicas e inseri-las em uma das múltiplas definições empregadas ao conceito de risco é um desafio. A dificuldade é ainda maior quando a essa proposta é somada a tarefa de integrar a EA, a fim de possibilitar a harmonia e o diálogo entre sociedade e natureza.

Entre as múltiplas abordagens e ciências que se dedicam a compreender a origem dos riscos e seus fenômenos, Marandola Jr. e Hogan (2005) afirmam que a Geografia é uma das pioneiras em trabalhar os riscos e as vulnerabilidades em sua dimensão ambiental, mas que existem outras ciências que se apropriam do conceito de risco para afirmarem a sua teoria. Outro fato de total relevância é que, além de abordar os riscos na dimensão ambiental, a Geografia utiliza esse conceito para tratar de questões relacionadas com o espaço e as problemáticas envolvendo o planejamento e a gestão administrativa das cidades, entre outros.

É importante reconhecer as ciências e as múltiplas definições relacionadas ao conceito de risco para compreender sua conexão com os espaços naturais — neste caso, as Unidades de Conservação — e a situação em que estes se encontram. No Brasil, a diversidade vegetal, a multiplicidade de espécies faunísticas, a biodiversidade, o endemismo das espécies de fauna e flora e o risco de esgotamento dos elementos ecossistêmicos são alguns dos fatores que colaboram para a efetivação dos espaços legalmente protegidos. As UCs reconhecidas e cadastradas no CNUC* possuem diferentes características e objetivos, mas, em sua totalidade, elas apresentam interesses relevantes

---

* Cadastro Nacional de Unidades de Conservação (CNUC) é uma plataforma gerida pelo Ministério do Meio Ambiente (MMA) e conta com a colaboração de gestores responsáveis pelas Unidades de Conservação federais, estaduais e municipais. Esse órgão disponibiliza informações gerais sobre as UCs, entre elas: características físicas, turísticas, biológicas, mapas, entre outras.

de conservação dos seus elementos naturais, reforçando constantemente o valor da sua conservação.

Algumas dessas Unidades possibilitam a permanência de moradores no interior de suas demarcações, outras permitem apenas nas zonas de amortecimento, e uma parcela menor limita a presença humana em seu interior apenas para a realização de pesquisas. Com base nas permissões e nas práticas desenvolvidas, esses espaços se dividem entre duas categorias: Unidades de Proteção Integral e Unidades de Uso Sustentável.

Os constantes debates acerca dos impactos ambientais ressaltam a importância que os elementos naturais e as UCs possuem para a sociedade; no entanto, muitos ainda não conseguem voltar o olhar para as contribuições diretas desses elementos em suas vidas. Os benefícios naturais são diversos e, na última década, têm ganhado visibilidade a partir da valorização dos serviços ambientais e ecossistêmicos.

Desse modo, buscamos aclarar a compreensão dos serviços ambientais e ecossistêmicos para então estabelecer uma ponte entre o conceito de risco e as UCs, em defesa da valorização dos elementos naturais. Os serviços ambientais e ecossistêmicos "[...] passaram a ser considerados na formulação de políticas públicas brasileiras e nas discussões de uso e ocupação das terras" (Parron *et al.*, 2015). Entretanto, observamos que há uma complexidade conceitual entre os serviços ambientais e os serviços ecossistêmicos.

Para a Avaliação Ecossistêmica do Milênio — AEM (2005), os serviços ecossistêmicos ou serviços ambientais são os benefícios que as pessoas obtêm dos ecossistemas. Dessa forma, não há distinção entre as duas expressões. Parron *et al.* (*op cit.*) destacam que a maioria dos autores nacionais e internacionais não faz distinção entre tais termos.

Muradian *et al.* (2010) estão entre os autores que fazem distinção entre esses termos. Para eles, os serviços ecossistêmicos representam uma subcategoria dos serviços ambientais, que tratam exclusivamente dos benefícios humanos derivados de ecossistemas naturais; já os serviços ambientais são os resultantes de intervenções intencionais da sociedade na dinâmica dos ecossistemas. Assim, podemos compreender que eles têm uma vertente econômica.

Neste texto, optamos pela expressão serviços ecossistêmicos, por considerar implícita a questão econômica na expressão "serviços ambientais",

As Unidades de Conservação e os riscos • 141

tendo em vista que, segundo Rodrigues, Irving e Drummond (2010), a valoração dos bens e serviços ambientais nas áreas protegidas envolve um conjunto de aspectos socioeconômicos e culturais.

Há uma diversidade de serviços ecossistêmicos, e a AEM os agrupou em quatro categorias: a) serviços de provisão; b) serviços reguladores; c) serviços culturais; d) serviços de suporte. Neste estudo, utilizaremos apenas a categoria serviços reguladores.

Compreendem-se por serviços reguladores os benefícios obtidos a partir de processos naturais que regulam as condições ambientais que sustentam a vida humana, como a purificação do ar, regulação do clima, purificação e regulação dos ciclos da água, controle de enchentes e de erosão, tratamento de resíduos, desintoxicação e controle de pragas e doenças.

A partir desses recortes, é possível avançar na compreensão do conceito de risco nesta obra. Nosso objetivo é tratar do risco de esgotamentos dos serviços ecossistêmicos que são prestados a populações no interior e/ou no entorno de UCs brasileiras.

Frequentemente encontramos pesquisas abordando os impactos ambientais do desmatamento, da caça predatória, da poluição das águas, das queimadas; porém, na maioria das discussões, esses problemas não estão vinculados ao conceito de risco, pois os impactos sociais gerados por essas problemáticas nem sempre são percebidos como condicionantes iniciais de possíveis impactos grandiosos no futuro ou condicionantes atuais de riscos que inserem comunidades em condições de vulnerabilidade.

Investigar as famílias que se encontram em condições de risco a inundações, enchentes, deslizamentos, entre outros, é de total importância. A Geografia, junto a outras ciências, tem realizado um papel fundamental na análise dessas condicionantes e na solução dos problemas gerados a diversas comunidades brasileiras. Essas pesquisas vão além de uma análise do terreno ou dos fenômenos naturais que ocorreram nas regiões. Percebe-se um trabalho ativo junto a secretarias de planejamento público e até mesmo o desenvolvimento de projetos sociais que trabalham o psicológico de famílias afetadas.

É essencial que o planejamento público volte também o seu olhar para os espaços naturais e para as práticas que são desenvolvidas neles. Os serviços ecossistêmicos realizam de maneira natural o controle de enchentes e de erosão, tratam resíduos, desintoxicam e controlam pragas e doenças; portanto, os impactos antrópicos e a falta de fiscalização e investimento nos espaços naturais contribuem para a ocorrência de problemas grandiosos nas comunidades inseridas no entorno das UCs e demais espaços naturais.

Reforçamos a importância das UCs na garantia da prestação dos serviços ecossistêmicos para as populações, pois o modo de vida exploratório, consumista e dominador que a sociedade tem com relação aos elementos naturais amplia os índices de degradação do meio ambiente, transformando espaços naturais em áreas de risco e tornando diversas populações vulneráveis às ações da natureza.

Podemos afirmar então que o risco de esgotamento dos serviços ecossistêmicos a partir das atividades antrópicas antecede o risco ambiental. Torres (1997) afirma que:

> Os indivíduos não são iguais do ponto de vista do acesso a bens e amenidades ambientais (tais como ar puro, áreas verdes e água limpa), assim como em relação à sua exposição a riscos ambientais (enchentes, deslizamentos e poluição). Dessa forma, fatores como localização do domicílio, qualidade da moradia e disponibilidade de meios de transporte podem limitar o acesso a bens ambientais, assim como aumentar a exposição a riscos ambientais.

O autor chama de acesso a bens e amenidades ambientais o que denominou-se aqui serviços ambientais. Os casos de degradação ecossistêmica são recorrentes e as transformações que ocorrem nesses espaços naturais muitas vezes se dão de maneira acelerada, dificultando a possibilidade de acompanhar os processos.

Devido à frequente observação e ao acompanhamento do modo de vida das comunidades inseridas no entorno dos espaços naturais, percebemos que as alterações realizadas na estrutura natural dessas UCs transformaram a dinâmica dos lugares e tornam as populações vulneráveis às ações naturais.

Muda-se a dinâmica de espaços que por muitos anos não foram considerados áreas de risco. Consequentemente, as famílias inseridas no entorno dessas áreas ficam expostas a riscos ambientais como inundações, deslizamentos, doenças de veiculação hídrica, queimadas, entre outros. São necessários um uso consciente dos elementos naturais, a valorização dos serviços prestados pela natureza e o esclarecimento dos direitos que as comunidades no entorno das UCs possuem perante os órgãos governamentais, para que assim não sejam agravados os problemas ambientais relatados.

Nesse contexto, a EA pode contribuir com reflexões e ações tanto no interior quanto no entorno das UCs. Nesses espaços, essa vertente da educação não deve ser entendida apenas como uma ferramenta para a sensibilização das pessoas com relação à preservação ambiental, precisa ser refletida, entendida e exercitada como um canal em que os coletivos ganhem voz e sejam desmistificadas verdades ditas absolutas (Cruz e Sola, 2017). Deve-se levar sempre em consideração que as UCs representam importantes espaços de formação cidadã, podendo ser uma extensão de espaços formais como escolas e universidades.

Educação Ambiental e comunidade do entorno: possibilidades práticas voltadas para o ensino da temática

Às reflexões teóricas já realizadas, somam-se nossas práticas e experiências com a abordagem das UCs. Relacionaremos agora a teoria à prática da EA, apresentando as experiências obtidas pelos trabalhos desenvolvidos no Parque Natural Municipal de Nova Iguaçu (PNMNI). Buscamos refletir sobre maneiras de facilitar a abordagem dos riscos e da EA a partir da inserção de educadores e educandos em espaços de formação informais.

Localizado no município de Nova Iguaçu, no Rio de Janeiro, O PNMNI tem como um de seus objetivos controlar e proteger os elementos naturais. Após o Decreto Municipal nº 6.001/1998, que viabilizou a criação dessa UC, iniciaram-se diversos trabalhos no seu interior, possibilitando a recuperação das áreas degradadas, o reflorestamento das áreas com vegetação nativa, a realização de manutenção e abertura de trilhas para atividades de uso público, fiscalização para frear a exploração dos elementos naturais, entre outros. Em seu Plano de Manejo* (2001) é ressaltado que:

---

* Mais informações sobre o plano de manejo e o decreto de criação do PNMNI se encontram no Capítulo 2.

Com o agravante de estar praticamente dentro do território urbano de Nova Iguaçu e também agora de Mesquita, a Gleba, como é popularmente conhecida, exigia naquele instante um conjunto de medidas e ações administrativas inadiáveis para que pudesse se tornar de fato um parque, se possível no mais curto tempo. Digamos que só alguns desafios poderiam, naquela altura, ser agrupados e enfrentados de forma adequada e conveniente. Assim, elegemos três grandes grupos de problemas que no entender de Administração Municipal poderiam ser resolvidas no curto prazo. A institucionalização efetiva do parque, a solução das questões fundiárias e investimentos em recuperação ambiental e implantação de melhorias foram então as ações escolhidas como prioritárias.

Atualmente, o município de Nova Iguaçu se encontra em um avançado estágio de urbanização e com um grande contingente populacional. Essa realidade não é exclusividade desse município e do estado do Rio de Janeiro, pois diversas capitais se encontram na mesma situação.

O PNMNI — com outras UCs do município — forma um remanescente natural da cidade. Como tal, preserva diversas espécies de fauna e flora e proporciona aos usuários a realização de atividades de uso público, sejam elas educativas, recreativas ou de lazer.

A UC está inserida em um contexto complexo, pois, devido ao processo de emancipação realizado após a criação da UC, ela se encontra atualmente em dois municípios, Nova Iguaçu e Mesquita, sendo Nova Iguaçu o responsável por sua administração. Em ambos os municípios, encontramos moradores em condições de vulnerabilidade social em razão das problemáticas relacionadas à localização das residências e às políticas públicas municipais.

Entre os riscos mais presentes estão as enchentes, inundações, os deslizamentos e as queimadas. As ações públicas deveriam ser mais eficientes no processo de resolução desses problemas, mas as medidas tomadas não são suficientes, tendo em vista a recorrências dos casos.

Nesse contexto, destaca-se a importância do ensino de Geografia e das demais ciências na contribuição de medidas simples para auxiliar as comunidades inseridas em condições de risco. Nossas análises se iniciaram no entorno e no interior do PNMNI, com um programa de voluntariado, e nossos trabalhos frequentemente envolviam a Educação Ambiental.

Iniciado em setembro de 2016, o programa de voluntariado coordenado pela prof.ª e drª Edileuza Dias de Queiroz teve como meta sensibilizar a comunidade do entorno, visitantes e também o público da Universidade Federal Rural do Rio de Janeiro/Instituto Multidisciplinar (UFRRJ/IM), para apoiar as atividades desenvolvidas no PNMNI. Além do vínculo acadêmico, a inserção dos alunos da UFRRJ/IM nessas atividades foi motivada pelo fato de ela ser a única instituição pública de Ensino Superior localizada no município de Nova Iguaçu, nas proximidades do Parque.

O projeto teve como objetivo incentivar diferentes atores que frequentavam o parque a interagir com o lugar, com o auxílio do voluntariado. O programa criou quatro equipes, e para cada uma delas foi eleito um coordenador. Ressaltamos que o entendimento de voluntariado proposto pelo projeto-piloto para a pesquisa de doutorado *Uso Público no Parque Natural Municipal de Nova Iguaçu-RJ: trilhando entre possibilidades e dificuldades —* defendida em abril de 2018, no Programa de Pós-Graduação em Geografia da Universidade Federal Fluminense — foi embasado no voluntariado orgânico, entendido como "participação politizada, comprometida, ativa e beneficente das pessoas que desenvolvem o serviço voluntário na construção das condições necessárias à democratização efetiva do Estado" (Selli e Garrafa, 2005), o que difere do modelo assistencialista e não há intenção de substituir os funcionários pelos voluntários e nem a transferência das responsabilidades do órgão público responsável pela gestão territorial.

As equipes compostas foram:

1. Monitoramento e orientação dos usuários (campanhas educativas) — com o objetivo de realizar campanhas educativas com os frequentadores do parque nos dias de maior afluência de público, visando a preservar o ecossistema, bem como a estimular a reflexão/conscientização sobre a questão ambiental, buscando também incentivar frequentadores a serem agentes multiplicadores a fim de disseminar atitudes de conservação dos ecossistemas.

2. Educação Ambiental — com o objetivo de desenvolver atividades de Educação Ambiental, mais especificamente com o público escolar, sempre nos dias de semana a fim de atender os escolares. O coordenador dessa equipe, aluno de Geografia da UFRRJ—IM, desenvolveu parte de seu projeto de iniciação científica em uma escola que fica na zona de amortecimento do parque.

3 Projeto Mutirão — objetiva atividades variadas, principalmente manutenção das trilhas, conversa com os usuários, mutirão de limpeza das margens do rio Dona Eugênia e afluentes, e coleta de resíduos. Além de caminhadas até a rampa de voo livre para sensibilizar os moradores do entorno e usuários com relação às queimadas.

4 Apoio à gestão — o objetivo foi apoiar a administração do parque fazendo a manutenção do acervo de pesquisa, bem como o mapeamento delas e buscando parcerias. Essa equipe teve algumas dificuldades, tais como a inexistência dos exemplares das pesquisas realizadas e a falta de parcerias com empresas do município para apoiar o projeto.

Apesar da divisão do grupo em equipes, todos os voluntários estavam juntos nos dias de mutirão para a troca de experiências e para traçar novas estratégias para o fortalecimento do projeto. Nesses encontros os coordenadores das equipes faziam uma exposição das atividades desenvolvidas.*

Ressaltamos aqui a presença da UFRRJ/IM na elaboração de atividades no PNMNI, onde foi possível desenvolver o tripé universitário: ensino, pesquisa e extensão. E, entre as temáticas trabalhadas, a EA tem destaque tanto em atividades no interior quanto na zona de amortecimento, buscando alcançar escolas e a comunidade como um todo. O desenvolvimento da pesquisa de tese já citada contribuiu com aportes metodológicos importantes, pois alunos da graduação e da pós-graduação puderam também enveredar por outras pesquisas que revelaram muitas questões importantes. Pontuschka,

---

* Atualmente, o programa de voluntariado está ativo e se reúne uma vez por mês, realizando trabalhos nas duas vertentes, alertando os visitantes acerca dos cuidados para com a UC e desenvolvendo atividades de sensibilização dos moradores para com os riscos de incêndios, entre outras.

Paganelli e Cacete (2009) relatam a importância da pesquisa na formação dos professores e afirmam que:

> Se considerarmos a docência como atividade intelectual e prática, revela-se necessário ao professor ter cada vez maior intimidade com o processo investigativo, uma vez que os conteúdos com os quais ele trabalha são construções teóricas fundamentadas na pesquisa científica. Assim, sua prática pedagógica requer de si reflexão, crítica e constante criação e recriação do conhecimento e das metodologias de ensino, o que pressupõe uma atividade de investigação permanente que necessita ser apreendida e valorizada.

Nesse contexto, observa-se que as práticas que possibilitaram a realização dessa pesquisa no PNMNI contribuíram com o processo de recriação do conhecimento e das metodologias de ensino dos educadores em formação. Além disso, geraram resultados diretos na conscientização da população acerca dos riscos e da necessidade de preservar os elementos naturais.

Durante os trabalhos realizados no entorno do PNMNI, percebemos que as orientações fornecidas por meio de um simples diálogo eram fundamentais para que a população compreendesse o reflexo de suas práticas no meio ambiente. As áreas trabalhadas são propícias à inundação e ao deslizamento, pois se encontram nas margens do rio Dona Eugênia* e em uma área que possui declive acentuado.

Com a EA, percebemos a possibilidade de fortalecer a conservação dos elementos naturais e garantir a prestação dos serviços ecossistêmicos, que contribuem para um equilíbrio ambiental no entorno do PNMNI. Apesar dos já constantes impactos gerados ao meio ambiente, a recorrência de práticas exploratórias pode ocasionar o agravamento das problemáticas,

---

* O rio Dona Eugênia possui sua nascente no Parque Natural Municipal de Nova Iguaçu. Portanto, encontra-se limpo no interior da UC, após os limites da Unidade, o corpo hídrico passa a receber esgoto sem tratamento da comunidade da Coreia, localizada em Mesquita, e os moradores descartam seus lixos e moveis no rio — mesmo havendo coleta seletiva. Essas práticas se tornaram frequentes, e as ações com alguns moradores proporcionaram a reflexão acerca dos seus atos.

transformando o atual risco de esgotamento dos serviços ecossistêmicos em riscos ambientais.

Em conclusão, a EA não é exclusividade do professor. Acreditamos que a parceria entre diversos órgãos públicos, como a Defesa Civil, o Corpo de Bombeiros, as escolas e as universidades, é um caminho possível para minimizar os riscos presentes nas zonas de amortecimento das UCs e, assim, transformar a realidade por meio da educação.

Considerações finais

A Educação Ambiental abrange diferentes espaços de atuação, sejam formais ou informais. E as UCs, especialmente a categoria Parques, representam um espaço de excelência para um trabalho efetivo ancorado nas premissas dessa vertente educacional, uma vez que a vivência *in loco* nos aproxima da realidade, possibilitando a ampliação das fronteiras do conhecimento.

No contexto das UCs, as atividades de EA com as escolas e com a comunidade do entorno são de grande importância formativa, pois, de acordo com Mellazo (2005), as atividades desenvolvidas nesses espaços "[...] devem proporcionar à comunidade maior sensibilização com relação ao meio ambiente com o propósito de fortalecer o exercício da cidadania e as relações com a natureza." Isso pode desenvolver "[...] atitudes capazes de produzir novas ações coerentes com a sustentabilidade ambiental, cultural, econômica, social e espacial" e pode trazer resultados positivos para o território. Nesse sentido, quando a EA é realizada nesses espaços de forma efetiva, a probabilidade de minimizar os riscos é alta.

As reflexões e práticas apresentadas demonstram a importância da parceria entre diversas instituições, especialmente as universidades, e as UCs para atividades de EA como meio de intervir na realidade dos espaços legalmente protegidos e seu entorno. É preciso articular as ações a fim de transformar as UCs em espaços de aprendizagem, de formação, onde seja possível a construção de uma nova mentalidade individual e coletiva, ancorada no respeito mútuo, na democracia e na justiça ambiental.

Referências bibliográficas

BENSUSAN, N. *Conservação da biodiversidade em áreas protegidas*. Rio de Janeiro: Editora FGV, 2014.

BRASIL. *Cadastro Nacional de Unidades de Conservação*. Disponível em: <http://www.mma.gov.br/areas-protegidas/cadastro-nacional-de-ucs/mapas>. Acesso em fevereiro de 2019.

CARVALHO, I. C. M. *Educação Ambiental: a formação do sujeito ecológico*. 3ª ed. São Paulo: Cortez, 2008.

CASTRO, C. M.; PEIXOTO, M. N. O.; DO RIO, G. A. P. "Riscos ambientais e Geografia: conceituações, abordagens e escalas." In: *Anuário do Instituto de Geociências*. Rio de Janeiro, v. 28, n. 2, 2005.

CRUZ, C. A.; SOLA, F. "As Unidades de Conservação na perspectiva da Educação Ambiental." In: *Revista Ambiente & Educação*, v. 22, n. 2, Universidade Federal do Rio Grande — FURG, 2017

DOUROJEANNI, M. J.; PÁDUA, M. T. J. "Arcas à deriva: Unidades de Conservação no Brasil." Rio de Janeiro: Technical Books, 2013.

FERREIRA, C. O. "Tem risco, mas, na minha casa, não: análise da percepção ambiental de risco da comunidade Amazonas, Petrópolis — RJ." Dissertação (mestrado). Universidade Federal Rural do Rio de Janeiro, 2018

GUIMARÃES, M. *A dimensão ambiental na educação*. Campinas: Papirus, 2013.

LAYRARGUES, P. P. "Educação para a gestão ambiental: a cidadania no enfrentamento político dos conflitos socioambientais." Disponível em: <http://ambiental.adv.br/ufvjm/ea2012-1cidadania.pdf.> Acesso em abril de 2019.

MARANDOLA, E.; HOGAN, D. J. "Vulnerabilidades e riscos: entre Geografia e demografia." In: *Revista Brasileira de Estudos de População*. São Paulo, 2005.

MEDEIROS, R.; GARAY, I. "Singularidades do sistema de áreas protegidas para a conservação e uso da biodiversidade brasileira." In: GARAY, I.; BECKER, B. (orgs.). *As Dimensões Humanas da Biodiversidade: o desafio de novas relações sociedade-natureza no século XXI*. Petrópolis: Editora Vozes, 2006.

MELLAZO, G. C. "A percepção ambiental e Educação Ambiental: uma reflexão sobre as relações interpessoais e ambientais no espaço urbano." In: *Olhares & Trilhas*. Uberlândia, ano VI, n. 6, 2005.

MORAIS, A. C. R. *Meio Ambiente e Ciências Humanas*, 4ª ed. ampliada. São Paulo: Annablume, 2005.

MURADIAN, R.; CORBERA, E.; PASCUAL, U.; KOSOY, N.; MAY, P. H. "Reconciling Theory and Practice: an Alternative Conceptual Framework for Understanding Payments for Environmental Services." *Ecological Economics*. Amsterdam, v. 69, n. 6, pp. 1202-1208, 2010.

PARRON, L. M. *et al. Serviços ambientais em sistemas agrícolas e florestais do Bioma Mata Atlântica* [recurso eletrônico]. Editores Técnicos. Brasília: EMBRAPA, 2015.

PONTUSCHKA, N. N.; PAGANELLI, T. I.; CACETE, N. H. "Para ensinar e aprender Geografia." São Paulo: Cortez, 2009.

QUEIROZ, E. D. "Uso público no Parque Natural Municipal de Nova Iguaçu, RJ: trilhando entre possibilidades e dificuldades." Tese (Doutorado). Programa de Pós-Graduação em Geografia, UFF. Niterói, 2018.

QUINTAS, J. S. "Educação no processo de gestão ambiental pública: a construção do ato pedagógico." In: LOUREIRO, C. F. B.; LAYRARGUES, P. P.; CASTRO, R. S. (orgs.) *Repensar a Educação Ambiental: um olhar crítico*. São Paulo: Cortez, 2009.

SEMUAM. *Secretaria Municipal de Urbanismo e Meio Ambiente da Cidade de Nova Iguaçu*. Rio de Janeiro, 2001.

RODRIGUES, C. G.; IRVING, M. A.; DRUMMOND, J. A. "Da visita e do turismo: uma reflexão sobre o uso público em parques nacionais." In: *Anais do XI Encontro Nacional de Turismo com Base Local*. Niterói: UFF, 2010.

RODRIGUES, C. G. O.; IRVING, M. A. "Os significados de 'público' e o compromisso de inclusão social no acesso aos serviços de apoio ao turismo nos parques nacionais." In: IRVING, M. A; RODRIGUES *et al.* (orgs.). *Turismo, áreas protegidas e inclusão social: diálogos entre saberes e fazeres,* 1ª ed. Rio de Janeiro: Folio Digital, 2015.

SELLI, L.; GARRAFA, V. "Bioética, solidariedade crítica e voluntariado orgânico." In: *Revista de Saúde Pública*, v. 39, n. 3, 2005.

TERBORGH, J.; SCHAIK, C.; DAVENPORT, L.; RAO, M. (orgs.). *Tornando os parques eficientes: estratégias para a conservação da natureza nos trópicos*, 1ª ed. rev. Curitiba: Editora da UFPR, 2002.

TORRES, H. "Desigualdade ambiental em São Paulo." Tese (Doutorado). Campinas: Unicamp, 1997. 255 p.

VALENTI, M. E.; OLIVEIRA, H. T.; DODONOV, P.; SILVA, M. M. "Educação Ambiental em Unidades de Conservação: políticas públicas e a prática educativa." In: *Educação em revista*, v. 28, n. 1, pp. 267-288, 2012.

VALLEJO, L. R. "Uso público em áreas protegidas: atores, impactos, diretrizes de planejamento e gestão." In: *Revista Eletrônica Anais Uso Público em Unidades de Conservação*. Niterói, 2013, pp. 13-25.

9

As desigualdades socioambientais e a qualidade de vida: quem são os vulneráveis ambientais?

Michele Souza da Silva
Doutoranda da Universidade Estadual do Rio de Janeiro
michleal@hotmail.com

Samuel Vítor Oliveira dos Santos
Doutorando em Geografia pela Universidade do Estado do Rio de Janeiro
samuel.viitor@gmail.com

Jorge da Paixão Marques Filho
Mestrando em Geografia pela Universidade do Estado do Rio de Janeiro
marquesfilho.j.p@gmail.com

Introdução

A condição de vulnerabilidade está relacionada à prática e ao desenvolvimento social no ambiente. Portanto, aqui não se pode deixar de associar com o socioambiental, correlacionando a forma como nos estabelecemos e organizamos socialmente no ambiente.

Este capítulo tem como principal objetivo estabelecer uma discussão sobre as populações mais vulneráveis aos fenômenos naturais, que ocasionam transtornos, desastres, perdas materiais e de vida. Embora tais eventos atinjam a todos, as respostas e a capacidade de recuperação são diferentes; a maneira como as pessoas são afetadas não é a mesma. Enquanto uma população moradora de uma área mais afastada da cidade dispõe de boa infraestrutura urbana, moradia adequada, passa apenas por transtornos relacionados ao caos no trânsito e impedimentos de sair de casa, outra parte da população, residente nas áreas mais pobres do centro e periferias, sofre com a perda de residências e vidas, enfrenta situações de insalubridade após eventos de chuvas extremas e, na maioria das vezes, demora a receber o auxílio necessário do poder público. Essas populações possuem poucos recursos para a prevenção e mitigação de desastres, a fim de evitar a perda da moradia e capacitar sua recuperação.

Assim, selecionamos como recorte de estudo o município do Rio de Janeiro, que apresenta grande diversidade na organização e produção do espaço urbano com seus contrastes e desigualdades. O fenômeno natural das chuvas, que são intensas principalmente no fim da estação de verão, vem sendo um dos eventos que mais causam transtornos e até mesmo desastres pela cidade. Esses problemas são recorrentes e antigos, e até hoje foram pouco solucionados. Abreu (1996) destaca que, desde o início do século XX, pouco ou nenhum investimento foi realizado para melhorar a drenagem urbana, agravando cada vez mais as inundações urbanas. No Rio de Janeiro, observa-se que, quanto mais afastado é um bairro da área central da cidade, menor é o investimento público na drenagem e saneamento básico urbano.

Diante do exposto, neste capítulo, discutiremos o conceito de vulnerabilidade socioambiental; apresentaremos, a partir dos índices de desenvolvimento social, dados das estações meteorológicas e, com o uso do geoprocessamento para realizar os cálculos, as interpolações e a espacialização dos dados no município do Rio de Janeiro, o desenvolvimento social por bairros, a distribuição das precipitações e os riscos de inundação, finalizando com a vulnerabilidade social à ocorrência de inundações.

Vulnerabilidade socioambiental: uma breve discussão sobre o conceito

O conceito de vulnerabilidade socioambiental é diverso e amplo, assim como o próprio entendimento da relação entre a sociedade e o ambiente, gerando o termo socioambiental, baseado no princípio de que a compreensão do ambiente ocorre de forma intrínseca aos processos de organização e constituição social. D'Agostini e Cunha (2007) tecem que "a noção de ambiente materializado é ingênua e leva à alienação. Alienação porque humanos passam a se perceber apenas como parte viva de um meio, em vez de viver o ambiente que eles, com outras partes do meio, fazem emergir."

A palavra vulnerabilidade, no dicionário *on-line Michaelis*, possui os seguintes significados: qualidade ou estado do que é vulnerável, suscetibilidade de ser ferido ou atingido por uma doença; fragilidade; característica de algo que é sujeito a críticas por apresentar falhas ou incoerências. No contexto dos riscos socioambientais, a primeira e a segunda definições — estado vulnerável ou suscetibilidade de ser acometido; fragilidade — são os que melhor se enquadram, embora todos os bairros do Rio de Janeiro possam ser atingidos em episódios de precipitação, dependendo de sua intensidade e da localização dos centros de ação atmosférica. No entanto, a resposta do poder público não é igualitária, e a fragilidade e capacidade de recuperação frente a tais eventos são diferentes para cada morador. É necessário entender os processos na produção e organização do espaço urbano e principalmente que nem todos vivenciam o mesmo ambiente. A qualidade ambiental não está relacionada apenas com a preservação, mas também com os aspectos socioeconômicos e com o planejamento realizado pela gestão pública. Assim, quem são os mais frágeis aos fenômenos climáticos cada vez mais frequentes e que provocam grandes transformações no ambiente? Os autores D'Agostini e Cunha (2007) trazem uma excelente reflexão acerca das desigualdades que se estabelecem no ambiente:

> Não há como todos viverem bons ambientes sem que todos disponham de suficientes meios. E não há como promover ambiente suficiente para alguns sem que se torne cada vez mais difícil dispor de meios necessários para todos. Diferentemente do que sugere o discurso dos mais bem aquinhoados, não são os humanos em meio ambiente materialmente miserável que reduzem a riqueza material em todos os outros meios; são miseráveis humanos materialmente ricos demais que reduzem a disponibilidade de meios para a maioria (D' Agostini e Cunha, 2007, orelha de livro).

A vulnerabilidade urbana e os riscos envolvem uma gama de implicações de ordem social, econômica, tecnológica, cultural, ambiental e política, que estão vinculadas às condições de pobreza (Mendonça, 2004). Para Esteves (2011): "Geralmente, os grupos mais pobres da sociedade, além da sua própria falta de defesa econômica e social, são mais vulneráveis, pois carecem de fontes externas de apoio, incluída a atuação do Estado, o que leva a um enfraquecimento na sua capacidade de resposta." O risco e a vulnerabilidade não podem ser tratados de forma separada. Assim, para falar de risco, é necessário haver vulnerabilidade, ou seja, compreender que os processos potencialmente perigosos podem afetar direta ou indiretamente, individual ou coletivamente, a saúde dos cidadãos, seus bens materiais ou até mesmo o funcionamento das instituições, a economia, a sociedade e a cultura (Freitas e Cunha, 2013). Desse modo, é preciso identificar os riscos e as populações mais vulneráveis a ele.

Reconhecer a situação de perigo e identificar as populações que se encontram vulneráveis é fundamental para direcionar corretamente as ações de mitigação e prevenção. "[...] O profundo conhecimento do perigo (o evento) e dos processos envolvidos num contexto social e geográfico, colocados numa escala adequada para a sua apreensão, é vital para que as estruturas que configuram a vulnerabilidade possam ser elucidadas e compreendidas de forma contextual" (Marandola Jr. e Hogan, 2006).

É preciso também considerar a escala temporal na análise dos eventos que podem ocasionar riscos e vulnerabilidade, conforme destacam Marandola Jr. e Hogan (2006): "A dimensão temporal também é crucial nessa construção. A vulnerabilidade é extremamente dinâmica, além de poder apresentar sazonalidades até em pequena escala temporal." Assim, deve-se considerar a dimensão temporal em episódios de pluviosidade intensa, que são recorrentes no Rio de Janeiro durante o período de outubro a abril. Conhecer a frequência dessas precipitações extremas pode e deve subsidiar ações de planejamento urbano e ambiental na cidade.

Dessa forma, pode-se compreender que o conceito de vulnerabilidade socioambiental está relacionado com a existência do perigo e os vulneráveis a ele. Na maior parte das vezes, os mais vulneráveis são aqueles que moram em condições precárias, em bairros com pouco investimento por parte do poder público. As áreas que representam riscos de deslizamentos, enchentes, inundações etc. geralmente são ocupadas pelas populações com menor renda, uma vez que são áreas desvalorizadas para o setor imobiliário. Em episódios extremos, que geram situações catastróficas, as ações do poder público para restabelecer a ordem e a recuperação ocorrem de forma diferenciada, favorecendo inicialmente as zonas mais ricas e turísticas da cidade, deixando por último as áreas suburbanas e periféricas. Armond (2014), em sua pesquisa sobre os episódios de chuva intensa e alagamentos na cidade do Rio de Janeiro, conclui que, quando pensamos em perdas de vidas e bens, as populações mais pobres são as mais vulneráveis.

Análise do desenvolvimento social do município do Rio de Janeiro

O município do Rio de Janeiro apresenta grande desigualdade social, o que pode ser observado em sua infraestrutura (ocupação em áreas de risco e ausência de saneamento básico); no acesso aos transportes públicos (a necessidade de pegar vários tipos de transportes até chegar ao trabalho/casa, muitos deles de forma precária e com um custo alto); na carência dos serviços públicos (como hospitais, escolas e segurança) e equipamentos urbanos (praças, parques e áreas de lazer no geral) pela cidade, deixando uma pequena fatia com o que há de melhor e outra fatia, enorme, necessitada.

Para a elaboração do mapa de índice de desenvolvimento social do município, foram utilizados os dados disponibilizados pela prefeitura do Rio de Janeiro (Data Rio, 2010). Os dados poligonais do índice de desenvolvimento social foram convertidos em pontos e interpolados, devido à necessidade de espacializar os dados em forma de superfície contínua. Optou-se pelo uso do método geoestatístico de Krigagem Simples por apresentar resultados mais satisfatórios quando comparados com o interpolador IDW.

A Geoestatística é o estudo das variáveis regionalizadas, as quais são uma função com distribuição espacial, variando de um ponto a outro com continuidade espacial aparente (Camargo, 1998). A Krigagem pode ser compreendida como um conjunto de técnicas para estimar e predizer superfícies baseadas na modelagem da estrutura de correlação espacial (Camargo, 2004). Após a geração dos pontos foi feita a análise exploratória dos dados, apontando sua natureza clusterizada, e modelado seu semivariograma.

Na avaliação do procedimento geoestatístico, foram considerados dois índices estatísticos: o erro quadrático médio padronizado (Root Mean Square Standardized/RMSS) e o erro médio padronizado (Mean Standardized/MS). A consistência do RMSS, para ser avaliada como boa, deve estar próxima a um, e o MS, próximo a zero. No presente estudo, o RMSS foi estimado em 0,946, e o MS, em 0,041, apresentando boa consistência na modelagem.

Segundo Cavallieri e Lopes (2008), para o cálculo do Índice de Desenvolvimento Social (IDS), foi utilizada a metodologia concebida para o Índice de Desenvolvimento Humano (IDH), calculado pelo Programa das Nações Unidas para o Desenvolvimento (PNUD/ONU), adaptada pelo Instituto Pereira Passos (IPP). São utilizados 10 indicadores: rede de água adequada; rede de esgoto adequada; coleta de lixo; banheiros por moradores; responsáveis por domicílio com menos de 4 anos de estudo; responsáveis por domicílio com 15 anos ou mais de estudo; analfabetismo em maiores de 15 anos, responsáveis por domicílio com renda de até 2 salários mínimos; responsáveis por domicílio com rendimento igual ou superior a 10 salários mínimos; rendimento médio dos responsáveis por domicílio em salários mínimos. Tais variáveis correspondem a quatro grandes dimensões analisadas que estão relacionadas com: acesso ao saneamento básico, qualidade habitacional, grau de escolaridade e disponibilidade de renda, formadas a partir do Censo Demográfico de 2010 do Instituto Brasileiro de Geografia e Estatística (IBGE).

Veja a Figura 9.1 do caderno de imagens — Mapa do índice de Desenvolvimento Social do munícipio do Rio de Janeiro.

O mapa (**Figura 9.1**) apresenta a espacialização do Índice de Desenvolvimento Social (IDS). Cabe aqui ressaltar os bairros da Zona Sul, Barra da Tijuca, Joá, Maracanã, Tijuca, Campo dos Afonsos e Jardim Guanabara, que correspondem ao total de aproximadamente 832.388 pessoas, o que equivale a 13,17% da população do município do Rio de Janeiro (IBGE, 2010). Essa população vive nos locais com o melhor IDS, reafirmando, assim, que a Zona Sul concentra os moradores com as melhores condições sociais. É possível minimizar os impactos gerados por desastres naturais, exceto nas moradias em áreas mais pobres, como favelas. Apesar disso, os menos favorecidos socialmente são grande parte dos moradores da cidade do Rio de Janeiro. Nesses locais, as populações tendem a sofrer os maiores impactos causados pelos desastres naturais, seja por sua infraestrutura, que tende a ser precária, ou pelo poder aquisitivo, que tende a ser mais baixo. A resposta do poder público também tende a ser mais lenta, dificultando a restauração do que foi perdido.

Pluviosidade e suas implicações na suscetibilidade de enchentes no Rio de Janeiro

No desenvolvimento do mapeamento pluviométrico, foram necessários dados de pluviosidade do município do Rio de Janeiro (Georio/AlertaRio, 2018) entre 2007 e 2017, excluindo-se as estações com séries históricas a partir de 2011. Os dados de pluviosidade foram interpolados para criar uma superfície contínua que abrange a área de estudo. Segundo Burrough (1998), "a interpolação é o procedimento de prever o valor de atributos em locais não amostrados, a partir de medições feitas em locais de pontos dentro da mesma área ou região". O interpolador utilizado para o mapeamento pluviométrico foi a Distância Inversa Ponderada com o K no valor de 3,5 e resolução espacial de 30 metros. Para (Marcuzzo *et al.*, 2011), a interpolação por IDW (é o inverso da distância ponderada, um método simples que atribui peso maior ao ponto mais próximo, reduzindo o peso com o aumento da distância) determina os valores dos pontos usando uma combinação linear ponderada dos pontos amostrados. O peso de cada ponto é o inverso de uma função da distância. Em razão da pouca densidade de estações pluviométricas, adotou-se uma escala cartográfica compatível a 1:150.000 para não superestimar o resultado.

No mapa de risco a inundação, realizaram-se testes entre a média ponderada ordenada e o método AHP (Analytic Hierarchy Process), aplicando-se o último. Segundo Malczewski e Rinner (2015), o método AHP é uma metodologia multicritério baseada nos princípios de decompor, julgamento comparativo e síntese das prioridades dos fatores utilizados. O desenvolvimento do mapeamento de risco a inundação adotou quatro fatores como norteadores desse processo, sendo aplicados a declividade, pluviosidade, o uso e a cobertura vegetal (IBGE, 2017), e hipsometria, com base nesse ordenamento prioritário. Na elaboração dos planos de informação de declividade e hipsometria, utilizou-se o Modelo Digital de Elevação Alos Palsar com resolução de 12,5. Nesse MDE, foi realizado um pré-processamento para eliminar os ruídos da imagem e posteriormente gerar a declividade e hipsometria. Os fatores para a elaboração do mapa de risco foram lastreados nos trabalhos de Borges *et al.* (2014) e Santana *et al.* (2014). No entanto, adicionou-se o critério de pluviosidade por ser considerado essencial no mapeamento de risco a inundação, desconsiderado por ambos os autores. Foi escolhido o método AHP nesse processo por representar melhor o fenômeno, de acordo com testes realizados nas escolhas das notas por classes e influência de fatores. O método AHP apresenta um índice de consistência que representa a confiabilidade do ordenamento dos pesos, das classes e suas prioridades, sendo os resultados mais próximo de 0 mais consistentes, e os mais próximos de 1, menos consistentes. Neste estudo, o índice de consistência apresentou o valor de 0,08.

Para elaborar o mapa de vulnerabilidade social, a ocorrência a inundações utilizou a média ponderada ordenada. De acordo com (Moreira *et al.*, 2001), o mapa ponderado pode ser ajustado para refletir o julgamento de um especialista, segundo os pesos de importância definidos para cada critério. Comparado a outros métodos, como a Análise Hierárquica de Processos, apresentou melhor resultado. Na modelagem, foram realizados diversos testes, e o resultado mais satisfatório apresentou ponderamento de 60% no plano de informações de índice de desenvolvimento social e de 40% no risco de inundações. Esses valores foram escolhidos por serem mais representativos ao fenômeno de estudo.

Ao considerar uma classificação climática geral para o município do Rio de Janeiro, a estabelecida por Köppen se enquadra em Aw, clima tropical com chuvas no verão e estação mais seca no inverno. Contudo, é importante compreender que tal descrição não pode ser aplicada para toda a cidade, já que existem diferenciações térmicas e higrométricas ocasionadas por fatores geográficos que influenciam diretamente na distribuição da pluviosidade, dos ventos, da insolação. Esses fatores podem ser destacados como a presença de maciços e fundos de vale (relevo), a influência da maritimidade, da vegetação e das áreas urbanizadas.

A região Sudeste possui uma topografia diversificada e acidentada, com uma grande área costeira e com a predominância dos ventos alísios do leste e do nordeste, e variação na sua latitude e longitude, recebendo influências das frentes polares, atuação frequente do anticiclone polar nas altas latitudes e o sistema de circulação do Atlântico Sul nas latitudes baixas. Essas características fazem com que o clima no Sudeste apresente grande variedade de subtipos (Nimer, 1972).

Cabe ressaltar que não existe um padrão das condições climáticas para todos os anos, como ressalta Sant'Anna Neto (2005) sobre a falta de regularidade na região Sudeste: "Além da diversidade, os fatores dinâmicos da atmosfera, em áreas de transição zonal dos climas globais, como é o caso de grande parte da região Sudeste, afetam a regularidade e previsibilidade das condições do tempo e do clima, tanto em curto quanto em longo prazo" (Sant'Anna Neto, 2005), o que pode ser aplicado para o Rio de Janeiro com anos mais chuvosos e meses que superam o índice de pluviosidade esperado, causando grandes desastres na cidade, e verões com altas temperaturas e estiagem em meses que são considerados mais chuvosos.

Dessa forma, podemos perceber que a distribuição pluvial pelo município não é homogênea, mas diversificada, influenciada pelos fatores climáticos que proporcionam aumento das precipitações em alguns bairros e menor quantidade em outros. O mapa da **Figura 9.2** mostra a interpolação dos dados de pluviosidade das estações meteorológicas do Alerta Rio, distribuídas pelos bairros da cidade, em um período de 10 anos (2007-2017). A precipitação supera os 1.158mm nos bairros que estão no entorno do Maciço da Tijuca, o que é comprovado por Armond (2014). A autora destaca que a orografia e a proximidade da linha de costa favorecem a concentração das chuvas, levando em consideração os bairros localizados a barlavento do maciço.

Em contrapartida, os bairros localizados a sota-vento dos maciços apresentam redução no acúmulo das precipitações durante os anos. Os bairros localizados a sota-vento do maciço da Pedra Branca, como Campo Grande e Bangu, apresentam pluviosidade que varia de 911 a 1.074mm, o que é verificado nos bairros a sota-vento do maciço da Tijuca, na Zona Norte, como Madureira e Penha.

As desigualdades socioambientais e a qualidade de vida • 161

Assim, dois fatores são essenciais na distribuição da precipitação no Rio de Janeiro: a maritimidade e a orografia. Os bairros mais próximos da área costeira e localizados a barlavento dos maciços recebem maior umidade e chuvas mais concentradas, enquanto os bairros localizados a barlavento recebem ventos mais secos, gerando menor quantidade de precipitação e temperaturas mais elevadas.

Veja a Figura 9.2 do caderno de imagens — Mapa pluviométrico do município do Rio de Janeiro.

A relevância de entender a distribuição das chuvas e identificar as áreas onde elas são mais intensas reside na possibilidade de fazer associações entre os índices de precipitação e o planejamento urbano, a vulnerabilidade das populações e as respostas de recuperação a eventos extremos.

Os episódios extremos são recorrentes no município, geralmente associados ao desenvolvimento de sistemas de baixa pressão no oceano, a temperaturas elevadas, entradas de frentes frias e à formação da Zona de Convergência do Atlântico Sul (ZCAS). No **Quadro 9.1**, temos episódios de pluviosidade extrema entre 2007 e 2019 e suas implicações para a cidade; as datas foram obtidas em relatórios anuais da Georio (Alerta-Rio), e os demais dados, de sites jornalísticos.

Os eventos extremos, que ocorrem em sua maioria na transição do verão para o outono, são provocados pelo aquecimento das águas oceânicas, formando sistemas ciclônicos. Além disso, a atuação da Zona de Convergência Intertropical traz umidade para a região Centro-Sul e, aliada à entrada da frente polar atlântica, resulta em grandes instabilidades.

Entre os episódios ressaltados no **Quadro 9.1**, destacamos dois que foram significativos para o município, dados a intensidade do fenômeno e os transtornos ocasionados para a população: o que ocorreu em abril de 2010, e o mais recente, em abril de 2019. No ano de 2010, a alta precipitação foi gerada por conta do desenvolvimento de um sistema de baixa pressão, temperaturas elevadas e a entrada de uma frente fria, resultando em mais de 300 mm em algumas estações, como no Sumaré e na Rocinha, em 24 horas.

162 • Geografia e os riscos socioambientais

Quadro 9.1 – Organização dos eventos pluviométricos significativos e extremos no Rio de Janeiro de 2007 a 2019

Data do evento	Precipitação acumulada em mm*	Número de mortos	Problemas ocorridos na cidade	Fonte jornalística
23 de out. 2007 e 24 de out. 2007	192,8 mm – 24 horas (Itanhangá)	3	Alagamentos no centro do RJ, escorregamento de solo no Túnel Rebouças, tombamento de muro de contenção no Complexo do Alemão.	O Globo Online. Fonte: <https://www. gazetadopovo.com.br/vida-publica/ chuva-e-fechamento-do-tunel-reboucas-dao-no-no-transito-do-rio-ap44c7xk1y09632dhcez6xjke/>. Acesso em 2 de junho de 2019.
5 de abr. 2010 e 6 de abr. 2010	360,2mm – 24 horas (Sumaré) 304,6mm – 24 horas (Rocinha)	55	Transbordamento do Rio Maracanã e Lagoa Rodrigo de Freitas. Inundação e enchentes na Zona Oeste (Campo Grande), Zona Norte e Centro.	Portal G1 – Globo notícias. Fonte: <http://g1.globo.com/ Noticias/Rio/0,,MUL1562816-5606,00-TEMPORAL+NO+RIO+P ROVOCA+ESTRAGOS+E+DEIXA +MORTOS+NO+ESTADO.htmll>. Acesso em 2 de junho de 2019.
24 de abr. 2011 e 25 de abr. 2011	286 mm – 24 horas (Tijuca)	1	Bolsões d'água, deslizamentos de matacão na Estrada Grajaú–Jacarepaguá. Transbordamento do Rio Maracanã e enchente na Praça da Bandeira.	Portal G1 – Globo notícias e BandNews Fonte: <http://g1.globo.com/rio-de-janeiro/fotos/2011/04/chuva-alaga-ruas-na-zona-norte-do-rio.html>. Acesso em 2 de junho de 2019. <https://www.bol.uol.com.br/ videos/?id=temporal-mata-uma-pessoa-e-provoca-caos-no-rio-de-janeiro-04028D9A3460C8891326>. Acesso em 21 de junho de 2019.
15 de fev. 2018	109,6mm – 1 hora (Jacarepaguá/ Cidade de Deus)	4	Temporal ocorrido na madrugada. Locais mais afetados foram a Zona Oeste: Campo Grande, Barra da Tijuca e Guaratiba. E na Zona Norte: Higienópolis, Complexo do Alemão. Zona Sul: Rocinha.	Portal G1 – Globo notícias Fonte: <https://g1.globo.com/rj/ rio-de-janeiro/noticia/chuva-leva-rio-de-janeiro-a-entrar-em-estagio-de-crise.ghtml> . Acesso em 2 de junho de 2019
8 de abr. 2019 e 9 de abr. 2019	343mm – 24 horas (Rocinha)	10	Toda a cidade foi afetada, mas principalmente os bairros na Zona Sul: Lagoa Rodrigo de Freitas, Rocinha, Vidigal. Na Zona Norte: Tijuca. E na Zona Oeste: Campo Grande.	Portal G1 – Globo notícias Fonte: <https://g1.globo.com/rj/ rio-de-janeiro/noticia/2019/04/08/ tempo-muda-no-rio-com-previsao-de-chuva-raios-e-ventos.ghtml>. Acesso em 2 de junho de 2019

*Foram consideradas as estações que registraram maior índice pluviométrico.
Fonte dos dados: Georio/Alerta Rio. Disponível em: <http://alertario.rio.rj.gov.br/>.
Acesso em 2 de junho de 2019
Fonte das Datas: Georio/Alerta Rio
Organização: Autores (2019)

No ano de 2019, as águas aquecidas do Oceano Atlântico perto da costa do litoral de São Paulo e do Rio de Janeiro propiciaram a formação de um sistema de baixa pressão atmosférica, favorecendo a concentração de umidade, por meio da evaporação. No fim da tarde, verificou-se a formação de um sistema frontal entre São Paulo e o Oceano Atlântico e entre o estado do Amazonas. Até esse sistema frontal, se estabeleceu uma Zona de Convergência de Umidade (ZCOU). Esse conjunto de fatores favoreceu a intensidade das precipitações, consideradas entre as mais extremas desde 1966. Apesar de todos os bairros da cidade terem sido afetados, o planejamento da Prefeitura do Rio de Janeiro foi ineficaz, e os estragos na cidade levaram dias para serem reparados. Nos bairros mais distantes do Rio de Janeiro, como Campo Grande, as moradias ficaram submersas e houve demora no auxílio para os moradores.

Armond (2014), em sua pesquisa sobre os episódios de pluviosidade intensa no Rio de Janeiro entre 1999 e 2012, destaca que todos os bairros são afetados e que não somente eventos extremos causam impacto, mas também os de intensidade reduzida, e que nem sempre esses eventos mais extremos vão resultar em desastres.

As **Figuras 9.2** e **9.3** mostram os mapeamentos de risco de inundação e o de vulnerabilidade social à ocorrência de inundação, respectivamente. Os resultados observados na **Figura 9.2** demonstram que as áreas mais suscetíveis são aquelas localizadas entre os maciços, nas baixadas e próximo às planícies flúvio-marinhas, por conta até mesmo da convergência da drenagem dos maciços para essas áreas. Quando somadas à impermeabilização dos solos, ao mau ordenamento urbano e ao sistema ineficaz de escoamento das águas, amplia-se a probabilidade de enchentes e inundações. Destaca-se que grande parte do Rio de Janeiro possui relativa viabilidade para eventuais enchentes e inundações em virtude da própria constituição do relevo, com a presença de maciços e morros e áreas de planícies de inundações.

Quando comparamos o mapeamento de risco a inundação com o de vulnerabilidade, percebemos que a Zona Oeste e a Zona Norte possuem uma população mais vulnerável. Esse fato se deve ao poder de recuperação, após a passagem de um episódio extremo, e à ação do poder público. As áreas da cidade menos valorizadas são ocupadas por uma população com menor poder aquisitivo, resultando em moradias precárias em locais que oferecem alto risco a enchentes, como nas proximidades dos rios, além de inundações, e enxurradas, no caso das moradias localizadas nos morros. Além de as construções não possuírem uma infraestrutura adequada, ocasionando tombamentos de muros e casas, a atuação por parte do poder público se faz menos presente nos bairros mais pobres em comparação aos bairros mais ricos, como os da Zona Sul.

Veja a Figura 9.3 do caderno de imagens — Mapa de risco de inundação no município do Rio de Janeiro.

Veja a Figura 9.4 do caderno de imagens — Mapa de vulnerabilidade social à ocorrência de inundações no município do Rio de Janeiro.

Ao considerar o conceito de vulnerabilidade abordado neste capítulo e sua relação com as desigualdades na produção do espaço urbano, observa-se que nem todos conseguem viver em ambientes saudáveis, que incluam salubridade, espaços de lazer, moradias construídas em terrenos adequados, além de acesso aos serviços básicos de saúde, educação e transporte público de qualidade. Percebe-se que, quanto mais afastados do Centro e da Zona Sul, piores são os índices e maior a vulnerabilidade dos bairros, embora mesmo na Zona Sul e no Centro haja profundos abismos sociais, com comunidades pobres que construíram suas moradias nos locais restantes e fora do interesse imobiliário.

Armond (2014) ressalta que "a condição de risco para as populações carentes acaba sendo, assim, a deflagração de deslizamentos e grandes enchentes que acarretam perdas muito significativas, tanto materiais quanto humanas. Para os mais abastados, as chuvas não possuem impacto tão significativo do ponto de vista da vida humana". Portanto, são mais do que necessárias políticas públicas que visem a entender as condições climáticas do Rio de Janeiro e à preparação para os eventos extremos que são cíclicos, quase sempre ocorrendo entre os meses de fevereiro e abril, buscando auxiliar e melhorar as condições de vida e moradia dos mais vulneráveis.

Considerações finais

Os eventos pluviométricos expressivos são sazonais e fazem parte da dinâmica atmosférica no Rio de Janeiro, conforme mostrado neste capítulo. Conhecemos os problemas gerados por tais episódios, e as enchentes e inundações são frequentes durante o verão e o fim da estação. Porém, o principal questionamento é: quem são os mais vulneráveis? E, entendendo que a vulnerabilidade está relacionada com os que são mais afetados pelas situações de perigo, pode-se dizer diante da análise dos mapeamentos que os mais vulneráveis são aqueles que se encontram nas periferias, nas localidades onde o desenvolvimento social é mais baixo e a atuação das políticas públicas pouco chega.

Diante de episódios de precipitações intensas, a parte da população mais vulnerável é que sofre a maior perda de bens materiais, de vida, enfrenta por tempo muito maior o restabelecimento das condições de infraestrutura urbana e de serviços como água, luz, telefone, entre outros, sobretudo em relação aos bairros mais nobres da cidade.

É importante que pesquisas relacionadas com o mapeamento das precipitações, a recorrência de grandes eventos de chuva, sejam constantes para mitigar e promover ações na infraestrutura urbana que possam minimizar os impactos, mas é necessário ampliar a atuação do poder público, visando a reduzir as desigualdades no espaço urbano e as vulnerabilidades, para anteceder a ocorrência de tais episódios com as tecnologias a nosso dispor. Não podemos permanecer culpabilizando a natureza, mas, sim, entender a importância das nossas ações na organização e produção do espaço urbano.

Referências bibliográficas

ABREU, M. A. "A cidade e os temporais: uma relação antiga." In: ROSA, L. P.; LACERDA, W. A. *Tormentas cariocas: seminário prevenção e controle dos efeitos dos temporais no Rio de Janeiro*. Rio de Janeiro: Coppe/UFRJ, 1996, pp. 15-21.

ARMOND, N. B. "Entre eventos e episódios: as excepcionalidades das chuvas e os alagamentos no espaço urbano do Rio de Janeiro." Dissertação. 239f. Programa de Pós-Graduação em Geografia, UNESP, Presidente Prudente, 2014.

BORGES, M. P.; CRUVINEL A. da S.; FLORES, W. M. F.; BARBOSA, G. R. "Utilização de técnicas de geoprocessamento para a elaboração de cotas de inundações: estudo de caso do parque ecológico do rio Paranaíba." In: *XVII SBSR — Simpósio Brasileiro de Sensoriamento Remoto, 2014, João Pessoa — PB; XVII SBSR — Simpósio brasileiro de sensoriamento remoto.* São José dos Campos, São Paulo: Instituto Nacional de Pesquisas Espaciais (INPE), 2014. v. XVII. pp. 5897-5903.

BURROUGH, P. A.; MCDONELL, R. A. *Principles of Geographical Information Systems.* 1ª ed. Oxford: Oxford University Press, 1998. 333p.

CAMARGO, E. C. G. "Geoestatística: fundamentos e aplicações." In: CÂMARA, G.; MEDEIROS, J. S. (orgs.). *Geoprocessamento para projetos ambientais.* INPE. São José dos Campos, 2018.

CAVALLIERI, F.; LOPES, G. P. *Índice de Desenvolvimento Social — IDS: Comparando as realidades microurbanas da cidade do Rio de Janeiro.* Coleção Estudos Cariocas, v. 8, pp. 1-12. 2008.

D'AGOSTINI, L. R.; CUNHA, A. P. P. *Ambiente.* Rio de Janeiro: Garamond, 2007. 188 p.

DATA RIO. Índice de desenvolvimento social, 2010. Disponível em: <http://www.data.rio/datasets/%C3%ADndice-de-desenvolvimento-social>.

ESTEVES, C. J. O. "Risco e vulnerabilidade socioambiental: aspectos conceituais." *Caderno Ipardes Estudos e Pesquisas.* Curitiba, v. 1, n. 2, pp. 62-79, dez. 2011.

FREITAS, M. I. C.; CUNHA, L. "Cartografia da vulnerabilidade socioambiental: convergências e divergências a partir de algumas experiências em Portugal e no Brasil." *Revista Brasileira de Gestão Urbana — Urbe,* v. 5, n. 1, pp. 15-31, 2013.

GEORIO. *Estações Alerta Rio, 2018.* Disponível em: <http://www.data.rio/datasets/estac%C3%B5es-alerta-rio>.

INSTITUTO BRASILEIRO DE GEOGRAFIA E ESTATÍSTICA — IBGE. *Mapeamento do uso e cobertura vegetal do Estado do Rio de Janeiro, 2017.* Disponível em: <http://apps.mprj.mp.br/sistema/inloco/>.

_____. *Censo demográfico 2010.* Disponível em: <httphttps://sidra.ibge.gov.br/pesquisa/censo-demografico/demografico-2010/inicial>. Acesso em 29 de maio de 2019.

MALCZEWSKI, J.; RINNER, C. *Multicriteria Decision Analysis in Geographic Information Science.* Springer: Berlim, 2015. 331 p.

MARANDOLA JR., E.; HOGAN, D. J. "As dimensões da vulnerabilidade. São Paulo em Perspectiva." São Paulo: Fundação SEADE, v. 20, n. 1, pp. 33-43, 2006.

MARCUZZO, F. F. N.; ANDRADE, L. R.; MELO, D. C. R. "Métodos de interpolação matemática no mapeamento de chuvas do estado do Mato Grosso." *Revista Brasileira de Geografia Física*, v. 4, pp. 793-804. Recife: UFPE, 2011.

MENDONÇA, F. A. *Riscos, vulnerabilidade e abordagem socioambiental urbana: uma reflexão a partir da RMC e de Curitiba. Desenvolvimento e Meio Ambiente*. Curitiba: UFPR, n. 10, pp. 139-148, jul./dez. 2004.

MOREIRA, F. R.; CÂMARA, G.; FILHO, R. A. *Técnicas de suporte a decisão para modelagem geográfica por álgebra de mapas, 2001*. Disponível em: <http://www.dpi.inpe.br/geopro/modelagem/relatorio_suporte_decisao.pdf>.

NIMER, E. "Climatologia da região sudeste do Brasil: introdução à Climatologia Dinâmica." *Revista Brasileira de Geografia*. Rio de Janeiro: IBGE, pp. 3-38, 1972.

SANTANA, F. C.; RIBEIRO, W. G.; PAULINO, G. M.; GOMES, M. A. "Mapeamento das áreas de risco de inundação no município de João Monlevade — MG, com a utilização de sistemas de informações geográficas." In: *V Congresso Brasileiro de Gestão Ambiental*. Belo Horizonte: Resumos dos Trabalhos Técnicos, 2014. pp. 164-165.

SANT'ANNA NETO, J. L. *"Decálogo da Climatologia do sudeste brasileiro." Revista Brasileira de Climatologia*, v. 1, n. 1, pp. 43-60, 2005.

VERTEX ALASKA SATELITE FACILITY. ALOS PALSAR. Disponível em: <https://vertex.daac.asf.alaska.edu/#>.

Propostas de atividades

Como propostas de atividades que podem auxiliar o professor de Geografia a consolidar a abordagem dos riscos socioambientais em sala de aula, colocamos aqui duas: a primeira pode ser desenvolvida com os alunos do Ensino Fundamental; a segunda, com os alunos do Ensino Médio, uma vez que envolve a necessidade de conhecimentos mais aprofundados em cartografia, clima, relevo, hidrografia e organização socioespacial.

Cabe destacar a necessidade de o professor ensinar previamente os conceitos e os assuntos que estão presentes nas atividades, considerando-as como complementares para auxiliar na consolidação dos conteúdos, estimular o raciocínio, a interação entre os estudantes e o pensamento crítico

Trabalhando com conceitos no jogo de cartas

As cartas deverão ter a frente padronizada com uma única cor e numeração; no verso, a fotografia de algum evento extremo: enchentes; deslizamentos; inundações etc. O professor deverá optar sempre por trabalhar com fotografias de eventos que ocorreram no município de localização da escola, ou seja, partindo dos eventos próximos aos alunos. Em uma folha à parte, considerando os números de cada carta, deverão constar as informações referentes ao evento mostrado na fotografia da carta, como: local, data, tipo do evento extremo, causas para a ocorrência e suas consequências.

O professor poderá dividir a turma em grupos de 4 a 5 alunos. Cada grupo deverá realizar a retirada de uma carta e, a partir da fotografia, realizar a descrição do evento representado. Os grupos deverão responder corretamente:

- O evento representado na fotografia.
- As causas que resultaram na ocorrência do evento.
- As consequências para a cidade.
- Como as pessoas são afetadas por tal evento.

O grupo que conseguir acertar a maior parte dos questionamentos e realizar a melhor descrição receberá o maior número de pontos.

O objetivo da atividade é que os alunos possam associar a fotografia aos conhecimentos previamente adquiridos e entender que os eventos são constantes e estão presentes na sua vida. Portanto, espera-se que os alunos possam fazer a descrição mais precisa do episódio representado na fotografia.

Desafio: pensando em soluções durante os eventos extremos

A atividade tem como finalidade auxiliar no pensamento e na reflexão sobre a dinâmica social em episódios extremos, considerando que neste capítulo abordamos a vulnerabilidade socioambiental associada com os episódios pluviométricos intensos e suas implicações nas ocorrências de enchentes e inundações. Esse será o principal tema do desafio; porém, o professor poderá adaptar a atividade para outras temáticas, principalmente considerando aquelas mais vivenciadas pelos alunos.

Para este estudo, escolhemos o tema: chuvas na cidade do Rio de Janeiro nos dias 8 e 9 de abril de 2019.

Inicialmente, foi necessário revisar com os alunos assuntos relacionados ao tempo, clima, relevo e à hidrografia, para então prosseguir com a atividade. Consideramos necessário explicar para os alunos o que representam os milímetros de chuva em litros por metro quadrado, relativizando o volume de precipitação durante um determinado período, para que os alunos pudessem compreender as reais implicações de um evento como o que ocorreu no Rio de Janeiro, com precipitações superiores a 300 milímetros em menos de 24 horas. A equação para saber o volume das chuvas em uma área é dada por:

$V = S \times h$, sendo: V = volume; S = área e h = altura da chuva. Assim, considerando o episódio que ocorreu no Rio de Janeiro, quando a chuva atingiu a altura de 343 mm ou 0,343 m em 24 horas, qual foi o volume dessa chuva em uma área de $1m^2$?

$V = 1 \times 0,343 = 0,343$, considerando que o volume é dado por m^3, devemos multiplicar 0,343 por 1.000. Encontramos o valor de 343 litros por m^2. É muito importante que o professor explique as diferenças em relação aos impactos desse volume de chuva em um período de 24 horas e em 1 mês.

- Como recursos didáticos para essa atividade, faz-se necessário o uso de cartas topográficas, mapas, que poderão auxiliar na visualização, localização e no estímulo aos alunos pensarem em formas de organização e planejamento para situações de pluviosidade extrema na cidade. Essas cartas podem ser obtidas nos sites de órgãos responsáveis pelos mapeamentos, como o IBGE, e em outras instituições. Para o Rio de Janeiro, selecionamos a carta topográfica do IBGE em escala de 1:250.000 e os mapas geomorfológicos do estado do Rio de Janeiro, na escala de 1:50.000, produzidos pelo MPRJ: <https://loja.

ibge.gov.br/rio-de-janeiro-ed-1980-impressa-a-partir-da-digitalizac--o-de-original-existente-no-acervo-da-biblioteca-do-ibge.html>. Acesso em 21 de junho de 2019

- <http://apps.mprj.mp.br/sistema/inloco/>. Acesso em 21 de junho de 2019.

No decorrer da atividade, o professor deverá organizar a turma em grupos de quatro a cinco alunos. Posteriormente, apresentará aos alunos a situação ocorrida, podendo para isso utilizar os dados de institutos de meteorologia — no caso do Rio de Janeiro, os dados das estações pluviométricas do sistema Alerta/Rio (GEORIO), disponíveis no site: <http://alertario.rio.rj.gov.br/> —, bem como informações divulgadas pelo jornal. Em seguida, os grupos deverão realizar uma análise, respondendo os seguintes questionamentos:

- Observe, na carta topográfica, o município do Rio de Janeiro. Com base nos conhecimentos adquiridos sobre relevo e curvas de nível, quais são as cotas mais suscetíveis a movimentos de massa, como deslizamentos, e quais são as cotas mais suscetíveis a inundações?
- Em caso de eventos extremos como o que ocorreu no Rio de Janeiro, quem são os mais vulneráveis? Por quê?
- Como a população mais pobre e a de maior renda costumam agir em situações como essa?
- O que o poder público deve fazer antes de tal evento?
- O que o poder público deve fazer durante tal evento?
- O que o poder público deve fazer depois de tal evento?
- Qual é o papel dos moradores na participação e no planejamento com relação a episódios de chuvas extremas na cidade?

Posteriormente, todos os grupos deverão compartilhar suas respostas. Nesse momento, é muito importante que o professor estimule o debate, a interação, fortalecendo o pensamento crítico dos alunos, a partir das respostas a cada questionamento.

As desigualdades socioambientais e a qualidade de vida

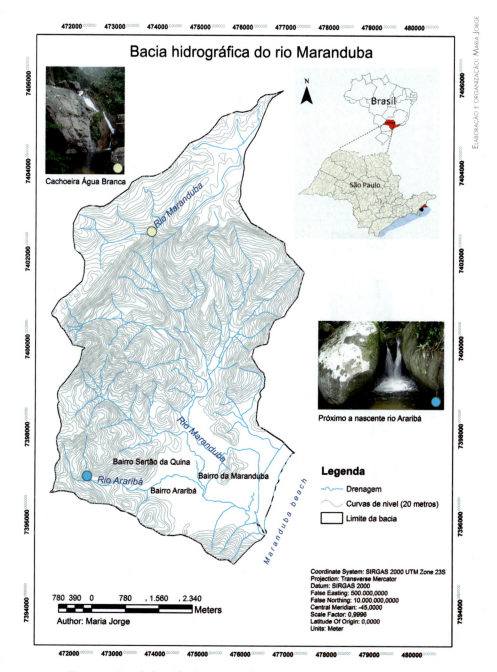

Figura 2.1: Bacia hidrográfica do rio Maranduba, situada no município de Ubatuba, SP.

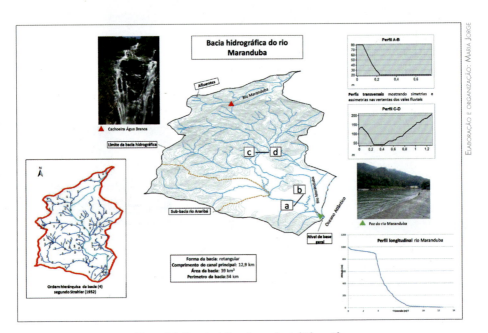

Figura 2.2: Características de uma bacia hidrográfica.

Figura 2.3: Praça inundada em Barra Bonita, Recreio dos Bandeirantes, Rio de Janeiro, RJ.

Figura 2.4: Enchente, inundação e alagamento.

Figura 2.5: Trecho retificado do rio Macaé, Macaé, RJ.

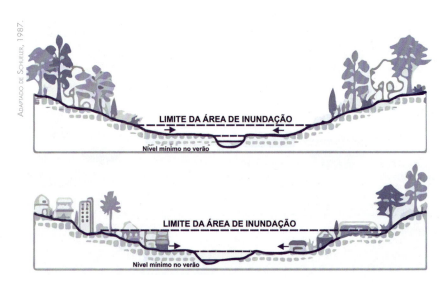

Figura 2.6: Resposta da geometria do escoamento: características das alterações de uma área rural para urbana.

Figura 2.7: Assoreamento no baixo curso do rio Maranduba, em Ubatuba, SP.

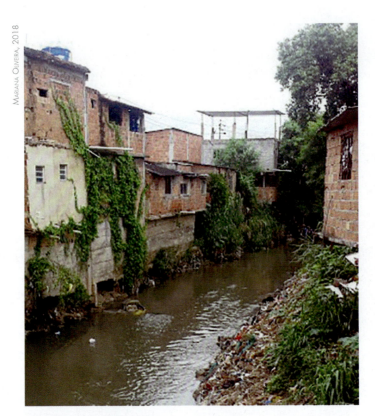

Figura 4.1: Ocupação urbana e assoreamento de um trecho do rio Botas, no bairro de Comendador Soares, Nova Iguaçu, RJ.

Figura 4.2: Equipe do CEPEDES realizando a atividade da caixa de areia na Escola Municipal Padre Agostinho Pretto, em Nova Iguaçu, RJ.

A)

Figuras 7.1A e 7.1B: Taludes de corte para a construção civil que podem causar instabilidades, em Ubatuba, SP. Salienta-se a baixa presença de cobertura vegetal no talude (A), bem como a sua retilinização (B).

B)

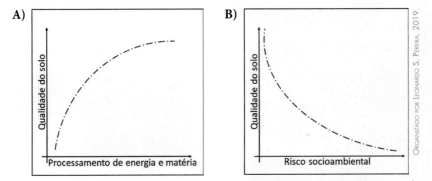

Figuras 7.2A e 7.2B: Relação entre a qualidade do solo e o processamento de energia e matéria (A), bem como sua influência no grau de risco socioambiental (B).

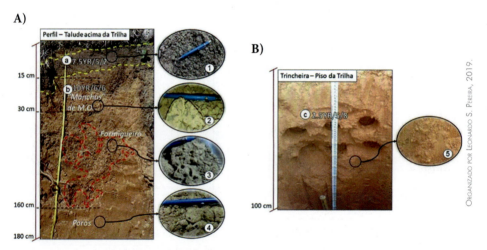

Figuras 7.3A e 7.3B: Ilustração de duas matrizes de solos: o primeiro salientando a formação de um solo com boa qualidade, com presença de MO (1 e 2), atividade biológica (3) e formação de poros (4); e o segundo um solo degradado sem a atividade biológica e com poros compactados (5).

A)

Figuras 7.4A e 7.4B: Educação ambiental em solos desenvolvida por pós-graduandos em Geografia da UFRJ com alunos do ensino fundamental da Escola Municipal Sebastiana Luiza de Oliveira Prado, em Ubatuba, SP: explanação teórica com uso de imagens ilustrativas (A) e aula de campo analisando o pH do solo e a atividade da fauna endopedônica.

B)

Figuras 7.5A e 7.5B: Educação ambiental em solos desenvolvida com alunos do 5º ano da Escola Municipal Nativa Fernandes de Faria, em Ubatuba, SP: experiência sensorial para análise das características macromorfológicas do solo, como textura, pegajosidade e elasticidade.

Fonte: IBGE.

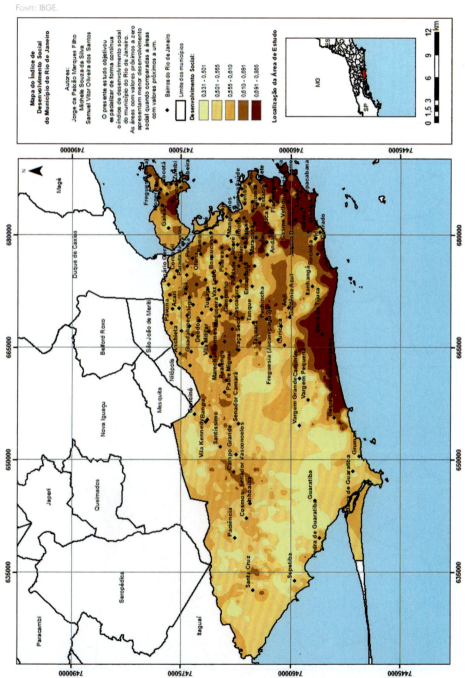

Figura 9.1: Mapa do Índice de Desenvolvimento Social do munícipio do Rio de Janeiro.

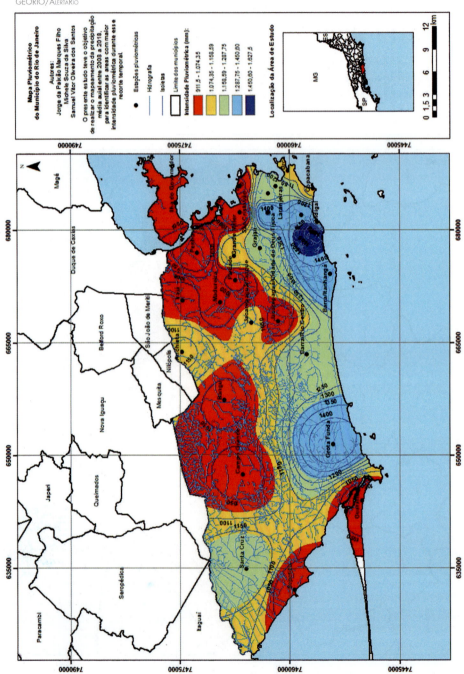

Figura 9.2: Mapa pluviométrico do município do Rio de Janeiro.

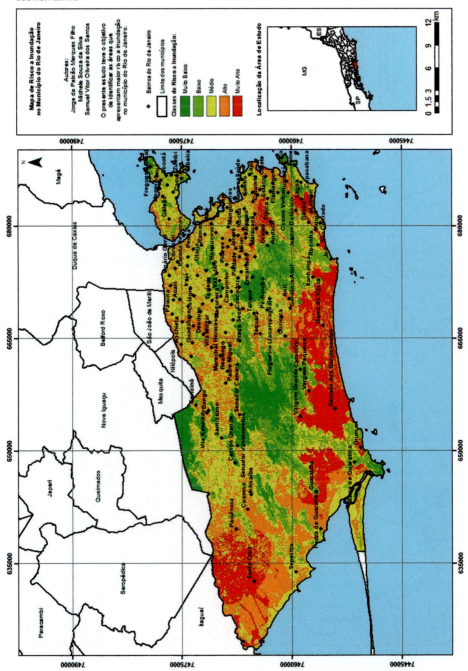

Figura 9.3: Mapa de risco de inundação no município do Rio de Janeiro.

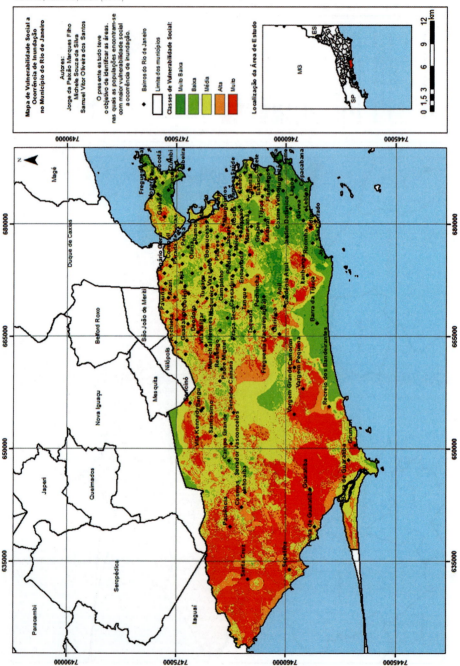

Figura 9.4: Mapa de vulnerabilidade social à ocorrência de inundações no município do Rio de Janeiro.

10

O geoprocessamento na delimitação e na prevenção de áreas de risco e movimentos de massa

Vivian Castilho da Costa
Professora da UERJ
vivianuerj@gmail.com

Marta Foeppel Ribeiro
Professora da UERJ
marta.foeppel@gmail.com

Introdução

Ao longo dos anos e até os dias atuais, no sudeste do Brasil, a fragmentação da cobertura vegetal, particularmente de florestas, tanto em áreas de baixada como de encosta, foi executada para atender à demanda crescente da população urbana por espaços para instalar novas construções, principalmente para fins residenciais. Além da remoção da cobertura vegetal original, outras profundas modificações na paisagem natural caracterizam o meio urbano, como, por exemplo, aterros de áreas embrejadas e inundáveis, impermeabilização de grandes extensões, canalização de rios e construção nas suas margens, cortes em encostas para passagens de vias públicas ou para construções residenciais, entre outras. Essas modificações contribuem para criar e ampliar as áreas de ocorrência de movimentos de massa, por exemplo.

Diversos estudos e publicações, frutos de pesquisas em várias áreas do conhecimento, vêm discutindo há anos a importância da preservação florestal e os efeitos bióticos e abióticos da fragmentação da cobertura vegetal. Em linhas gerais, os efeitos bióticos estão vinculados ao comprometimento da biodiversidade, e os efeitos abióticos se referem aos desequilíbrios ambientais, como mudanças microclimáticas, rebaixamento do lençol freático e redução da alimentação das cabeceiras fluviais, aumento do escoamento superficial, aumento da erosão pluvial, elevação dos riscos de ocorrência de deslizamentos, desmoronamentos e queda de blocos, entre outros, o que compromete a geoconservação dessas áreas (Centro de Informações e Dados do Rio de Janeiro, 2000; Araújo, 2007).

Este capítulo traz como objetivos: apresentar considerações de diversos autores acerca dos fatores ambientais condicionantes de ocorrência de movimentos de massa, principalmente em áreas urbanizadas, assim como sobre a criação de áreas protegidas como estratégia para minimizar os efeitos da fragmentação vegetal com relação à biodiversidade e ao desencadeamento desse processo físico; avaliar a contribuição do geoprocessamento para a elaboração de mapas de zoneamentos de áreas protegidas e de risco de ocorrência de movimentos de massa, destacando o seu papel como instrumento para o planejamento ambiental; e propor exemplos de práticas didáticas aplicadas ao mapeamento de áreas risco com o uso de geotecnologias como meio de contribuição à formação docente.

A criação de áreas protegidas como estratégia de conservação da biodiversidade e de manutenção do equilíbrio de processos físicos e ecológicos

A implantação de áreas protegidas, como as Unidades de Conservação (UC) e as Áreas de Preservação Permanentes (APP), representa uma estratégia adotada pelos países para a preservação de remanescentes de vegetação representativos de ecossistemas, para a conservação da biodiversidade e a manutenção do equilíbrio de processos físicos e ecológicos, amenizando os riscos ambientais potenciais causados pelas atividades antrópicas (Vitalli *et al.*, 2009). As Unidades de Conservação representam, portanto, um resultado da evolução nas questões ambientais no mundo.

Ao mesmo tempo em que surgia a concepção de áreas protegidas no mundo, tornavam-se cada vez mais frequentes grandes reuniões internacionais como a Convenção para a Preservação da Fauna e da Flora em Estado Natural (Londres, 1933); a Convenção para a Proteção da Flora,

174 • Geografia e os riscos socioambientais

da Fauna e das Belezas Cênicas dos Países da América (Washington, 1940); o I Congresso Mundial de Parques (Seattle, 1962); a Conferência da Biosfera (Paris, 1968); o II Congresso Mundial de Parques (Yellowstone, 1972); a Conferência das Nações Unidas sobre o Meio Ambiente Humano (Estocolmo, 1972); o III Congresso Mundial de Parques (Caracas, 1992); a Conferência das Nações Unidas sobre Desenvolvimento e Meio Ambiente (Rio de Janeiro, 1992). Nesses eventos, eram debatidos assuntos científicos, realizados intercâmbios de informações acerca dos avanços e descobertas conquistados e divulgadas as espécies que demandavam proteção, além de discutidos os principais problemas ambientais gerados pela ação antrópica que comprometiam o equilíbrio ecossistêmico. Esses eventos, realizados principalmente no decorrer do século XX, consolidaram uma mudança de visão sobre a natureza e fortaleceram o movimento internacional em favor da criação de novas áreas protegidas.

Os eventos e outras ações políticas na esfera da preservação ambiental, assim como a evolução histórica das áreas protegidas no mundo e no Brasil, são tratados e discutidos profundamente por Milano (2001), Bensusan (2006), Araújo (2007), Irving *et al.* (2008); Diegues (2008), Castro Jr *et al.* (2009), Moura; Costa (2009), para citar alguns autores. Destaque deve ser dado para a criação em 1948 da União Internacional para a Conservarão da Natureza (IUCN), a qual estabeleceu em 1960 a Comissão de Parques Nacionais e Áreas Protegidas, com a finalidade de promover, monitorar e orientar o manejo desses espaços (Bensusan, 2006).

Ao longo do século XX, principalmente depois da década de 1950, houve expressivo crescimento no número de áreas protegidas no mundo, em virtude das altas taxas de extinção de espécies, o que representou um exemplo de medida de resposta à crise decorrente dessas taxas (Bensusan, 2006). Nos primeiros anos do século XXI, 11,5% da superfície terrestre (em 80% dos países do mundo) representavam áreas protegidas, o principal instrumento adotado para a conservação da biodiversidade e da manutenção dos processos físicos e ecológicos (Mulongoy; Chape, 2003 *apud* Bensusan, 2006).

No Brasil, o Sistema Nacional de Unidades de Conservação (SNUC) foi instituído pela Lei nº 9.985/2000 — conhecida como Lei do SNUC —, que apresenta a definição de Unidade de Conservação como espaço territorialmente protegido e seus recursos ambientais, incluindo as águas jurisdicionais, com características naturais relevantes, legalmente instituído pelo poder público, com objetivos de conservação e limites definidos, sob regime especial de administração ao qual se aplicam garantias adequadas de proteção.

O Artigo 27 da Lei do SNUC destaca que as Unidades de Conservação devem dispor de um Plano de Manejo, que representa o

documento técnico mediante o qual, com fundamento nos objetivos gerais de uma Unidade de Conservação, se estabelecem o seu zoneamento e as normas que devem presidir o uso da área e o manejo dos recursos naturais, inclusive a implantação das estruturas físicas necessárias à gestão da unidade. (Art. 2º, XVII, da Lei nº 9.985/2000).

Segundo o referido artigo da lei, o Plano de Manejo deve abranger a área da UC, sua zona de amortecimento e os corredores ecológicos, além de incluir medidas com o objetivo de promover sua integração à vida econômica e social das comunidades vizinhas (Vasques, 2008; Oliveira, Santos, 2010). O mesmo artigo estabelece que a zona de amortecimento representa o entorno de uma Unidade de Conservação, onde as atividades humanas estão sujeitas a normas e restrições específicas, com o propósito de minimizar os impactos negativos sobre a unidade. Ressalta-se que o papel da zona de amortecimento não é meramente ambiental, mas também relacionado ao controle do crescimento urbano desordenado.

A necessidade de determinação do risco de ocorrência de movimentos de massa para a definição de zona de amortecimento de Unidades de Conservação

Os roteiros metodológicos do IBAMA (2002) e do Instituto Estadual do Ambiente — INEA (2010) apresentam os critérios de inclusão e de exclusão de locais a serem considerados na delimitação da zona de amortecimento de UCs. Um desses critérios se refere às áreas sujeitas a processos de erosão, de escorregamento de massa, que possam vir a afetar a integridade da UC. Portanto, determinar o risco de ocorrência de movimentos de massa no entorno de uma UC é fundamental para a definição de sua zona de amortecimento.

Christofoletti (1980) define movimentos de massa ou do regolito (rocha alterada, decomposta) como

todos os movimentos gravitacionais que promovem a movimentação de partículas ou partes do regolito pela encosta abaixo. A ação da gravidade é a única força importante envolvida. A presença da água exerce função importante no movimento do regolito por reduzir o coeficiente de fricção e por aumentar o peso da massa intemperizada, preenchendo os espaços entre os poros.

Para Tominaga (2011b), os movimentos de massa naturalmente fazem parte da dinâmica das encostas e da evolução geomorfológica das regiões serranas. Porém, o crescimento desordenado dos centros urbanos, a exemplo da cidade do Rio de Janeiro, transforma em impróprias as áreas a serem habitadas, principalmente sem o devido planejamento territorial do uso do solo e técnicas eficazes de estabilização das encostas que propiciam a ocorrência desses processos.

Guerra e Marçal (2014) definem movimentos de massa como transporte coletivo de material rochoso e/ou solo, onde a ação da gravidade exerce importante função, sendo potencializado pela ação da água ou não. Os autores afirmam ainda que as encostas possuem uma evolução natural, mas as atividades antrópicas — mais especificamente extração mineral, construção de empreendimentos residenciais e comerciais, rodovias e ferrovias, instalações industriais — podem abalar o equilíbrio das encostas.

Seguindo a tendência mundial, constata-se também no Brasil um crescimento significativo das ocorrências de desastres, principalmente no Sudeste. Esse aumento é considerado por diversos autores como consequência do intenso processo de urbanização no país nas últimas décadas, caracterizado pelo crescimento desordenado de cidades em áreas impróprias à ocupação, considerando-se as características geológicas e geomorfológicas restritivas.

Soma-se a isso o fato de essa ocupação intensa e desordenada provocar o desmatamento, o aumento da erosão, acarretando o assoreamento dos rios e o afloramento e a exposição de blocos rochosos antes imersos no solo, que podem ser mobilizados, causando situação de risco de movimentos de massa. Os desastres associados a esses fatores são mais frequentes no verão, devido às chuvas intensas, e produzem anualmente grandes danos materiais e ambientais e significantes prejuízos sociais e econômicos (Carvalho; Macedo; Ogura, 2007; Castro *et al.*, 2009).

Com o intenso processo de urbanização, especialmente nas cidades brasileiras, os processos erosivos vêm causando significativos impactos. Para Neves (2015), as áreas urbanas passam por um processo de transformação na paisagem que ocorre de forma desordenada, a partir de um planejamento ineficiente, o que configura à terra diversos problemas ambientais, sendo a erosão um deles. Isso ocorre principalmente ao estado de impermeabilização em grande parte dos solos da área urbana, o que não impede o desenvolvimento de feições erosivas.

Muitas referências bibliográficas nacionais dão ênfase aos deslizamentos por considerarem a classe mais importante entre as formas de movimento de massa no Brasil, uma vez que há grande e persistente relação com as atividades antrópicas, além da extrema variância de sua escala, da complexidade de causas e mecanismos e da variabilidade de materiais envolvidos (Fernandes e Amaral, 1996; Marcelino, 2007; Carvalho e Macedo e Ogura, 2007; Florenzano, 2008; Castro *et al.*, 2009; Tominaga, 2011a; Tominaga, 2011b).

Os deslizamentos configuram um dos exemplos mais importantes de movimentos de massa, conforme colocação de Christofoletti (1980), o qual destaca ainda que tais processos:

> [...] são deslocamentos de uma massa do regolito sobre um embasamento ordinariamente saturado de água. A função de nível de deslizamento pode ser dada por uma rocha sã ou por um horizonte do regolito possuidor de maior quantidade de elementos finos, de siltes ou argilas, favorecendo atingir de modo mais rápido o limite de plasticidade e o de fluidez.

Segundo Guerra e Guerra (2006), os deslizamentos são definidos como:

[...] deslocamentos de massas de solo sobre um embasamento saturado de água. Os deslizamentos dependem de vários fatores, tais como inclinação das vertentes, quantidade e frequência das precipitações, presença ou não da vegetação, consolidação do material etc. A ação humana muitas vezes poderá acelerar os deslizamentos através da utilização irracional de áreas acidentadas.

Os volumes instabilizados podem ser facilmente identificados ou inferidos e podem envolver solo, saprolito, rocha e depósitos sedimentares. São subdivididos em função das superfícies de ruptura, geometria e material que mobilizam, podendo assumir as formas de cunhas, planares, circulares, ou, ainda, induzidos (Carvalho e Macedo e Ogura, 2007).

Os deslizamentos podem ser induzidos, ou seja, causados pelas atividades antrópicas que modificam as condições originais do relevo, por meio de: remoção descontrolada da cobertura vegetal; cortes realizados com declividade e altura excessivas para construção de moradias; aterros inadequados; lançamento concentrado de águas pluviais e servidas sobre as vertentes; estradas e outras obras; infiltrações de águas de fossas sanitárias; vazamento nas redes de abastecimento de água e deposição inadequada do lixo.

Segundo vários autores, há uma diversidade de fatores responsáveis pela ocorrência de movimentos e massa, com destaque para a litologia e estrutura geológica, declividade, geometria e orientação de encostas (especialmente as concavidades), o tipo e nível de saturação do solo e a ação da fauna em seu interior, erosividade da chuva, cobertura vegetal e o uso do solo, considerando-se a vulnerabilidade da ocupação, traduzida em tipo de moradia, material componente e fundação (Meis e Xavier-da-Silva, 1968; Francisco, 1995; Fernandes e Amaral, 1996; Castro *et al.*, 2009; Carvalho e Macedo e Ogura, 2007; Santos, 2007; Florenzano, 2008; Almeida, 2011; Tominaga, 2011b; Guerra, 2011; Cunha e Guerra, 2012).

A importância da componente espacial nas análises ambientais integradas de risco de ocorrência de movimentos de massa

Conforme Veyret e Richemond (2015), a "tradução espacial do risco constitui um tema de estudo indispensável". Seguindo essa perspectiva, para melhor estudar e entender o risco de ocorrência de movimentos de massa, é importante considerar a sua componente espacial, mais particularmente, a escala de análise, a área de abrangência compatível com essa escala e a forma como eventos estudados se distribuem espacialmente, uma vez que um determinado arranjo pode refletir o comportamento dos processos envolvidos. Essa abordagem relaciona-se à perspectiva geográfica que aplica o atributo da espacialidade no estudo de riscos ambientais.

Com relação ao recorte espacial considerado para realizar uma avaliação ambiental de risco de ocorrência de movimentos de massa, o pesquisador tem diante de si, por vezes, o desafio de compatibilizar dados mapeados a partir de escalas cartográficas e unidades espaciais diferentes, como quando é necessário analisar de modo integrado a malha censitária sobreposta à base cartográfica com os limites das bacias hidrográficas.

Respectivamente, os dados convencionais (tabela de atributos) relativos à população e aos domicílios, que são extraídos do Censo Demográfico (2010), estão organizados em nível de setor censitário, sendo este "a unidade territorial de controle cadastral da coleta, constituída por áreas contíguas, respeitando-se os limites da divisão político-administrativa, do quadro urbano e rural legal e de outras estruturas territoriais de interesse" (IBGE, 2011) Por sua vez, a representação cartográfica dos aspectos físicos contíguos — geologia, geomorfologia, pedologia, climatologia, entre outros — utiliza a bacia hidrográfica como unidade espacial de análise (Nascimento, 2011).

A bacia hidrográfica deve ser considerada como a unidade espacial mínima de análise em pesquisas de processos físicos e da gestão ambiental. Para compreender a origem e a dinâmica de processos físicos, que atuam em conjunto na erosão, no transporte e na deposição em bacias hidrográficas, torna-se relevante fazer o mapeamento mais atualizado possível do uso do solo e da cobertura vegetal, uma vez que diferentes formas de ocupação e

180 • Geografia e os riscos socioambientais

de manejo de uma área interterem no comportamento dos condicionantes naturais, o que pode agravar dada situação de risco ambiental, como a probabilidade de ocorrência de movimentos de massa (Nascimento, 2011).

Torres (2000), com base na contribuição de diversos especialistas, chama atenção para a necessidade de identificar e caracterizar as populações vulneráveis em uma análise de risco ambiental como movimentos de massa. Para isso, é fundamental a utilização do setor censitário como a unidade espacial de análise da vulnerabilidade da população de bairros ou do município quanto, por exemplo, às condições de saneamento ambiental dos domicílios (acesso a serviços de abastecimento de água encanada, esgotamento sanitário e coleta de lixo). Com isso, no interior de um bairro (menor espaço de ação administrativa da política urbana), é possível observar se há variações internas entre os seus setores censitários componentes, identificando aqueles onde se concentra a parcela da população mais vulnerável, que, em geral, habita locais sem acesso aos equipamentos urbanos essenciais de saneamento ambiental (Nascimento, 2011).

Para Gonçalves (2012), a vulnerabilidade aos desastres descreve o grau de suscetibilidade de um sistema socioeconômico ao impacto de eventos destrutivos, o qual é determinado a uma combinação de diversos fatores. Entre esses fatores, podemos citar o alerta precoce (e a preparação), condições prévias, comportamento dos grupos populacionais e infraestrutura, além de administração, políticas públicas e capacidade de organização em todos os campos da administração dos desastres. A pobreza, como condição social, é também uma das principais causas da vulnerabilidade.

Segundo Veyret e Richemond (2015), a vulnerabilidade social não dependeria da distância da coletividade em relação à origem do perigo. Estaria relacionada com os critérios de morfologia social aplicados a grupos organizados que de alguma forma constituem sociedade. Como exemplo desses critérios, podemos citar a densidade de uma população, as atividades econômicas de adultos, a juventude dos habitantes, a taxa de desemprego daqueles com menos de 25 anos ou, ainda, a qualidade da moradia. Dessa forma, os riscos diferem de acordo com a especificidade da vulnerabilidade social de cada grupo social.

O processo de urbanização, ao longo dos anos, nas grandes cidades, sobretudo no Brasil, revelou uma expansão desigual, desordenada e dispersa.

De acordo com Veyret e Richemond (2015), o crescimento urbano, a industrialização, as formas de povoamento e a densidade de alguns bairros podem ser decorrentes de uma administração urbana ineficiente. Em todos os casos, a busca pelo risco social é uma operação delicada, já que todas essas problemáticas decorrem para uma cidade de bairros segregados. E essas formas segregacionais são estimuladas pelas políticas de povoamento, pela insuficiência de atenção por parte dos setores responsáveis e pela insegurança, ela própria ao tráfico de drogas, à corrupção e à ausência de serviços públicos. Segundo a autora, a fragmentação do espaço surge como causa e resultante das desigualdades sociais, que produzem riscos mais ou menos longos. A intensidade da vulnerabilidade social ante os riscos frequentemente varia em função dessas desigualdades. Quando as catástrofes sobrevêm, as populações frágeis — as de menor mobilidade e cujo nível de vida está mais debilitado — são as mais afetadas.

Cunha e Guerra (2012) apontam características que explicitam a configuração socioespacial relacionada ao processo de segregação espacial das cidades, como: a presença de espaços residenciais e comerciais exclusivos; a privatização dos espaços públicos e a estigmatização dos espaços populares. Embora a parcela da população vulnerável viva em condições precárias de moradia, de infraestrutura e de qualidade ambiental, as geotecnologias podem auxiliar na elaboração de mapeamentos colaborativos a partir do envio, por meio de aplicativos em telefones celulares, de locais de ocorrências de deslizamentos e de inundações, por exemplo. Desse modo, a participação da população vulnerável à ocorrência de movimentos de massa na elaboração de mapeamentos colaborativos pode representar uma estratégia relevante para melhorar a sua percepção quanto à localização de áreas onde o risco de acontecer esse processo físico seja mais elevado.

Outra fonte de dados quantitativos e qualitativos quanto a aspectos físicos e antrópicos reside nos trabalhos de campo, que representam fontes primárias de dados e de informações. Estudar e mapear pequenas áreas, com a análise e a coleta de dados *in loco* pelo próprio pesquisador, traz uma nova luz para a identificação das variações dos grupos sociais e de suas relações com o ambiente em que vivem e atuam, além da viabilidade de identificar e registrar cicatrizes deixadas por movimentos de massa, por exemplo.

O mapeamento de zonas de risco de ocorrência de movimentos de massa como instrumento para o planejamento ambiental

O risco de ocorrência de movimentos de massa pode ser representado espacialmente por meio de zoneamentos. A definição de zonas de risco de ocorrência de movimentos de massa é fundamental para a delimitação de formas e de superfícies, que podem até assumir uma variabilidade em diferentes escalas espaciais e temporais, demandando atualizações periódicas e devendo ser acompanhada da revisão de diagnósticos das condicionantes físicas e antrópicas. Tal fato depende da existência e do fortalecimento de uma política de planejamento ambiental estratégica referente à elaboração de mapeamentos temáticos digitais em escalas de detalhe e de semidetalhe, e que tenha continuidade, independentemente de conjunturas político--partidárias (Carvalho e Macedo e Ogura, 2007).

Os referidos autores reforçam que uma proposta de mapeamento de áreas de risco de ocorrência de movimentos de massa deve partir, necessariamente, do zoneamento de áreas sujeitas a esses processos físicos, principalmente aquelas situadas em assentamentos precários. O zoneamento e o mapeamento devem objetivar a implementação de uma política pública de gerenciamento de riscos dessa natureza. Segundo os autores, um primeiro passo para elaborar esse mapeamento é fazer o levantamento de registros históricos de ocorrência de movimentos de massa junto aos órgãos competentes — como a Defesa Civil Municipal e o Corpo de Bombeiros — para, posteriormente, realizar o reconhecimento espacial dos locais onde já ocorreram movimentos de massa. Os autores recomendam também fazer um levantamento bibliográfico, reunindo informações que auxiliem no entendimento do desencadeamento desses processos.

Desse modo, torna-se possível realizar a previsão de movimentos de massa futuros, estabelecendo, assim, um padrão espacial, a partir do qual será possível inferir os condicionantes naturais e antrópicos vinculados. Fernandes e Amaral (1986) concordam com Cerri (1992) quanto às ações capazes de reduzir a possibilidade de registros de movimentos de massa e as dimensões das consequências socioeconômicas geradas por eles, como a

O geoprocessamento na delimitação e na prevenção de áreas de risco... • 183

adoção de medidas preventivas, planejamento para situações de emergência, e informações públicas e programas de treinamento. Os autores ressaltam a importância da inserção das ações e medidas em um programa governamental de redução de riscos.

As zonas de risco de ocorrência de movimentos de massa podem ser definidas, portanto, como formas e superfícies variáveis, mapeáveis em diferentes escalas espaciais e temporais. Não é possível examinar a representação desse tipo de risco sem considerar as práticas de gestão ambiental. Nesse sentido, realizar mapas digitais de zoneamentos constitui a base de uma política de prevenção.

Um mapa-síntese de zoneamento de risco de ocorrência de movimentos de massa é passível de erros, pois, mesmo transmitindo uma imagem de segurança e certeza quanto à localização de áreas de risco elevado, não é expressão da verdade. Podem ocorrer movimentos de massa em áreas consideradas seguras por existir vegetação cobrindo as encostas, como aconteceu em janeiro de 2011, na região serrana do estado do Rio de Janeiro. De qualquer modo, deve ser considerado como um instrumento do gestor público para definir os espaços em que há risco elevado, onde a ocupação deve ser regulamentada (às vezes, proibida), e outros em que o risco é menor ou mesmo está ausente, indicando porções espaciais aptas para expansão urbana. Por outro lado, importantes avanços na área das geotecnologias têm contribuído para o zoneamento de riscos ambientais de um modo geral.

Os procedimentos metodológicos adotados nos diagnósticos de áreas passíveis de ocorrência de movimentos de massa e nos prognósticos de riscos desses processos contam cada vez mais com o uso do geoprocessamento, por meio da elaboração de mapas temáticos digitais da área estudada, da interpretação de fotografias aéreas e de imagens de satélite de alta resolução dos locais onde ocorreram os movimentos de massa e do uso de sistemas de informação geográfica para armazenamento, atualização e realização de análises multicritério. Para aplicar essas análises, o pesquisador deve dispor de dados diversificados e detalhados, referentes às condições da população e/ou dos domicílios (extraídos do censo demográfico) e aos aspectos físicos já citados. Desse modo, o pesquisador, por meio da espacialização e da organização de informações temáticas georreferenciadas, poderá atingir um resultado que seja mais representativo da área estudada e, a partir disso, criar modelos de previsão de riscos de ocorrência de movimentos de massa. Consequentemente, haverá maior visibilidade de dados e informações passíveis de subsidiar as tomadas de decisão e o planejamento de ações e medidas voltadas para a redução do risco de ocorrência de movimentos de massa (Fernandes e Amaral, 1996; Rocha, 2000; Florenzano, 2008).

Com o aumento no número de desastres naturais nas últimas décadas, paralelamente ao intenso processo de urbanização e a parte significativa da população em áreas de risco, os órgãos governamentais vêm direcionando suas atenções a elaborar ações que possam mitigar esses eventos. Além disso, a tecnologia, sobretudo os Sistemas de Informação Geográfica (SIG), também tem propiciado estudos e análises que colaboram com ações capazes de diminuir efetivamente a exposição dos grupos populacionais aos riscos.

Considerações sobre o geoprocessamento aplicado a análises multicritério de risco ambiental e ao zoneamento de áreas protegidas

No desenvolvimento de estudos ambientais, deve-se considerar que todo fenômeno é passível de ser localizado; tem sua extensão determinável; não é totalmente isolado, pois mantém relacionamentos espaciais e está em constante alteração (Xavier-da-Silva, 2001).

Atualmente, esses estudos são desenvolvidos com base na tecnologia do geoprocessamento, principalmente por meio do uso de Sistemas de Informação Geográfica (SIG), além do processamento digital de imagens de satélite ou de radar e do uso em campo de aparelhos GPS (Global Positioning System ou Sistema de Posicionamento Global).

Xavier-da-Silva (1987), há mais de três décadas, já sintetizava o geoprocessamento como "um conjunto de procedimentos computacionais que, operando sobre bases de dados geocodificadas ou, mais evolutivamente, sobre bancos de dados geográficos, executa análises, reformulações e sínteses sobre os dados ambientais disponíveis".

O mesmo autor, em 1992, ressalta que o Geoprocessamento se destina a "tratar os problemas ambientais levando-se em conta a localização, a extensão

O geoprocessamento na delimitação e na prevenção de áreas de risco...

e as relações espaciais dos fenômenos analisados com o objetivo de contribuir para a sua presente explicação e para o acompanhamento de sua evolução passada e futura" (*apud* Costa, 2002). O autor enfatiza também que, para realizar tais análises de modo eficaz, devem ser utilizadas técnicas computacionais que proporcionem numerosos e diversificados dados ambientais.

Para Veiga (1999), o geoprocessamento, além da espacialização da informação, proporciona maior acessibilidade, precisão e velocidade na sua obtenção e no seu processamento. Ganha importância crescente com relação à elaboração e à implementação de planos e estratégias de planejamento ambiental em diferentes escalas de análise, pois propicia melhor conhecer o espaço e a sociedade que o produz, além de espacializar as relações entre os dois, de forma mais rápida, como subsídio à tomada de decisão. As facilidades que o geoprocessamento oferece à operacionalização e à empiricização nos estudos sobre riscos ambientais e vulnerabilidade decorre das possibilidades de testar hipóteses, utilizando grandes volumes de dados e entrecruzando diferentes mapas temáticos digitais relativos às características físicas e à população em geral.

Em uma perspectiva holística, o geoprocessamento é um conjunto de procedimentos metodológicos capaz de criar deduções por meio da identificação de relações espaciais de contingência, conexão, proximidade e funcionalidade entre partes componentes da situação ambiental. Os resultados alcançados são passíveis de reprodução em muitas situações ambientais semelhantes (Xavier-da-Silva, 1999). Segundo essa perspectiva, Rocha (2000) entende o geoprocessamento como uma tecnologia transdisciplinar, a qual, operando com dados especializados, "integra várias disciplinas, equipamentos, programas, processos, entidades, dados, metodologias e pessoas para coleta, tratamento, análise e apresentação de informações associadas a mapas digitais georreferenciados".

Os procedimentos metodológicos, baseados no uso do geoprocessamento e de SIG, aplicados à pesquisa ambiental, devem procurar respeitar a natureza diversificada dos dados ambientais e permitir análises e integrações sucessivas que conduzam a deduções quanto à extensão territorial e às possibilidades de associações causais entre variáveis ambientais (Xavier-da--Silva, 1999). Nessa direção, Moura (2007) observa que, ao fazer uso de um

SIG, deve-se selecionar as variáveis que participarão da análise e estudar as suas combinações. Segundo a autora, busca-se fazer uma representação simplificada da realidade, selecionando os seus aspectos mais relevantes para mostrar as correlações e comportamentos entre variáveis ambientais. As deduções se "originam a partir da ocorrência associada, no tempo e no espaço, das características ambientais sob análise, podendo ser usada uma estrutura integradora e classificadora baseada em uma escala ordinal" (Xavier-da-Silva, 1999).

No âmbito da modelagem espacial, o mundo real é representado cartograficamente por diferentes mapas temáticos digitais georreferenciados (planos de informação ou bases cartográficas digitais chamadas de layers ou camadas). Os mapas temáticos digitais são armazenados conforme estruturas específicas de representação de dados cartográficos — vetorial e matricial — e organizados em bancos de dados geográficos passíveis de serem manipulados, atualizados e analisados de modo integrado, objetivando uma aplicação e buscando responder a questões básicas (Xavier-da-Silva, 1999).

O uso de SIG permite a estruturação, a consulta e a atualização de bancos de dados geográficos de distintas naturezas (onde estão armazenados os mapas temáticos digitais em formatos vetorial e raster) e de bancos de dados convencionais (tabelas de atributos). A partir da distribuição estatística dos atributos (análise de histogramas), é possível gerar novos mapas temáticos, a exemplo dos mapeamentos produzidos com base na espacialização dos dados censitários na malha digital de setores correspondentes. Além disso, o SIG possibilita a análise espacial integrada de diversos planos de informação por meio de diferentes estruturas lógicas de análise.

Sob essa perspectiva, Fitz (2008) explica que estudos estruturados com base no espaço geográfico consideram uma grande diversidade de variáveis de diversas naturezas. Essas variáveis podem ou não se constituir critérios na análise espacial por meio de SIG. Nesse sentido, deve ser empregada a análise multicritério, a qual trabalha com mais de um critério simultaneamente para viabilizar a compreensão de diversos fenômenos e processos. Como exemplo, para o entendimento dos processos de movimentos de massa, há necessidade de agregar muitos fatores condicionantes causais que participam do desencadeamento desses processos.

O geoprocessamento na delimitação e na prevenção de áreas de risco...

A utilização da análise multicritério em SIG vem sendo cada vez mais disseminada. Moura (2007) apresentou um roteiro metodológico acerca do procedimento de análise multicritério com base em geoprocessamento, fundamentado em revisão bibliográfica sobre a temática. A autora resume o procedimento para uma análise multicritério em geoprocessamento nos seguintes passos:

> [...] [1] seleção das principais variáveis que caracterizam um fenômeno, já realizando um recorte metodológico de simplificação da complexidade espacial; [2] representação da realidade segundo diferentes variáveis, organizadas em camadas de informação; [3] discretização dos planos de análise em resoluções espaciais adequadas tanto para as fontes dos dados como para os objetivos a serem alcançados; [4] promoção da combinação das camadas de variáveis, integradas na forma de um sistema, que traduza a complexidade da realidade; finalmente, [5] possibilidade de validação e calibração do sistema, mediante identificação e correção das relações construídas entre as variáveis mapeadas. (Moura, 2007).

Segundo Souza (2017), os sistemas de informação geográfica oferecem uma diversidade de recursos e ferramentas de análise para manipulação de dados espaciais. Entretanto, uma das maiores dificuldades é decidir qual seria a melhor maneira de organizar e combinar considerável quantidade de dados de diferentes escalas, fontes e temáticas, sem que o objetivo geral da pesquisa ou trabalho perca seu propósito. De um modo geral, a inter-relação entre dados espaciais de naturezas distintas, por meio de procedimentos metodológicos baseados em SIG, deve procurar respeitar a natureza diversificada dos dados ambientais, além de permitir análises integradas sucessivas que conduzam a deduções quanto à extensão territorial e às possibilidades de associações causais entre variáveis ambientais (Xavier-da-Silva, 1999). Questões referentes à padronização de atributos cartográficos, como escala, *datum* vertical, coordenadas geográficas e sistema de projeção, são fundamentais para que os mapeamentos sistemáticos digitais de diferentes fontes possam vir a ser sobrepostos ou analisados de modo integrado por meio de sistemas de informação geográfica para obtenção de mapas-síntese, como mapas de riscos e de potencialidades.

O geoprocessamento permite individualizar cada "espaço" por meio de suas características para que se possa nele atuar mais confiavelmente, além de discernir e explicitar os fenômenos que nele ocorrem com base em análises mais concretas e rigorosas, minimizando interferências. A possibilidade de processar geograficamente informações confiáveis, precisas e rapidamente acessíveis para a elaboração de ações e de estratégias necessárias à gestão do espaço, compatíveis com as características particulares de cada sociedade e do espaço por ela ocupado ou "produzido", é, sem dúvida, a contribuição maior do geoprocessamento (Veiga, 1999).

Um método de análise multicritério muito utilizado em pesquisas acadêmicas é o AHP (Analystic Hierarchy Process). Por se tratar de um método que apresenta acurácia e que pode ser aplicado a qualquer temática necessária à tomada de decisão, ele vem sendo utilizado constantemente em estudos ambientais, como análises de risco, suscetibilidade e vulnerabilidade.

O método AHP foi desenvolvido por Thomas L. Saaty na década de 1970. A partir do objetivo do estudo, é construído um sistema hierárquico para auxiliar na tomada de decisão, sendo composto por níveis e subníveis de acordo com a importância relacionada ao objetivo. Matrizes de comparação para cada nível hierárquico são geradas, sendo estabelecida a importância relativa de cada fator, e os resultados dessa matriz são ponderados entre si (Silva e Nunes, 2009). Esse método fornece um procedimento compreensivo e racional para modelar um problema de decisão, representando e quantificando as variáveis definidas em uma hierarquia de critérios ponderados por referências (pesos) (Faria e Augusto Filho, 2013).

Entre alguns exemplos de estudos que aplicaram o método AHP em análises espaciais de riscos e de vulnerabilidade podem ser citados: Silva e Nunes (2009), no estudo da vulnerabilidade ambiental no Ceará; Faria e Augusto Filho (2013), no mapeamento do perigo a escorregamentos em áreas urbanas; Dias e Silva (2014), na modelagem da vulnerabilidade ambiental em áreas de corredores ecológicos entre Unidades de Conservação na Bahia; Souza *et al.* (2013), na análise da vulnerabilidade à erosão na Bahia e na avaliação da eficiência do método AHP em SIG; os de Meirelles (2015) e Meirelles *et*

O geoprocessamento na delimitação e na prevenção de áreas de risco... • 189

al. (2018), na análise da suscetibilidade a movimentos de massa na bacia do Rio Paquequer, no Rio de Janeiro, e o de Souza *et al.* (2017), na análise de risco ambiental no Parque Estadual do Cunhambebe e no seu entorno.

Procedimentos de análise multicritério de riscos ambientais também podem ser realizados por meio do aplicativo Sistema de Análise Geoambiental (SAGA), vinculado ao Laboratório de Geoprocessamento (LAGEOP) do Departamento de Geografia do Instituto de Geociências da UFRJ. Esses procedimentos podem ser divididos em dois grandes grupos: o referente ao diagnóstico de situações existentes ou de possível ocorrência e o relativo ao prognóstico, em que são realizadas previsões e zoneamentos e, eventualmente, sugeridas provisões quanto aos problemas ambientais estudados.

Os procedimentos diagnósticos se referem a levantamentos ambientais e a prospecções ambientais. Os primeiros tratam da criação da base de dados georreferenciados, na qual estão contidos os dados ambientais básicos, ou seja, físicos, bióticos e socioeconômicos, que são capazes de diagnosticar dada situação ambiental. As prospecções ambientais, por sua vez, representam extrapolações territoriais baseadas nas conjugações de características ambientais levantadas, voltadas para uma finalidade específica, como avaliações de riscos e de potenciais. Essas prospecções ambientais podem ser fundamentadas em Avaliações Ambientais, as quais, por sua vez, são geradas por estruturas lógicas de análise, entre as quais podem ser citadas: média ponderada, lógicas booleana e nebulosa (Fuzzy) e tratamentos bayesianos.

No caso da avaliação ambiental disponibilizada no saga, para melhor estabelecer uma estrutura lógica de média ponderada para executar uma avaliação ambiental, deve ser criada uma árvore de decisão que representa um instrumento de análise da importância relativa de parâmetros usados na sua construção. Para isso, devem ser atribuídos "pesos" aos planos de informação relacionados aos riscos ou impactos analisados e "notas" às respectivas categorias mapeadas ou classes da legenda de cada um dos planos considerados (Xavier-da-Silva, 2001). Conforme o autor, a árvore de decisão mostra a integração de estimativas de riscos de ocorrência de algum processo ou fenômeno a partir de várias características ambientais, as quais podem ser de cunho natural, geo-histórico ou socioeconômico.

A avaliação ambiental responde pela geração dos produtos finais relativos às análises ambientais que se deseja fazer, ou seja, dos mapas e relatórios que apoiarão o processo de tomada de decisão (Xavier-da-Silva, 1999; Xavier-da-Silva, 2001). Os mapeamentos de riscos e de potenciais ambientais são exemplos de produtos cartográficos gerados por meio das combinações dos dados originalmente inventariados.

Ribeiro (2013) propôs um modelo metodológico capaz de estabelecer áreas indicativas para inclusão em zona de amortecimento do Parque Estadual da Pedra Branca (PEPB), com base em análise de risco ambiental de movimento de massa. Com o módulo de avaliação ambiental direta do aplicativo saga/UFRJ, pôde realizar o diagnóstico do contexto ambiental da área de estudo, avaliar o risco de movimentos de massa e delimitar Áreas de Preservação Permanente, como previsto pelo novo Código Florestal brasileiro. Os mapas temáticos, resultantes das avaliações ambientais, possibilitaram identificar áreas potenciais para serem inseridas em futura zona de amortecimento do PEPB.

A contribuição das geotecnologias à formação docente por meio do ensino de práticas para o mapeamento de áreas de risco

Muitos recursos didáticos podem ser utilizados por professores dos Ensino Fundamental e Médio, tanto em sala de aula quanto em excursões com seus alunos, em atividades extraclasse. Muitas experiências positivas têm sido geradas com mapeamentos de risco em áreas de encosta dentro ou fora dos limites de áreas protegidas. Um dos recursos didáticos mais utilizados são as técnicas provindas do sensoriamento remoto, utilizando imagens de satélite, fotografias aéreas e até mesmo imagens provindas de vant (Veículo Aéreo Não Tripulado) ou Drones. Por intermédio desses recursos, podem ser destacadas as primeiras noções espaciais sobre os impactos diretos e indiretos provenientes das transformações no uso e na ocupação em áreas de risco.

A observação dos alvos terrestres por sensoriamento remoto vem ocorrendo ao longo do tempo de forma crescente, viabilizando a identificação da remoção da cobertura vegetal e também de ocorrências de quedas de blocos,

O geoprocessamento na delimitação e na prevenção de áreas de risco... • 191

deslizamentos e inundações. Essas ocorrências podem trazer consequências como perdas materiais e humanas em áreas residenciais, comerciais, industriais e agropecuárias.

As atividades em sala de aula com uso do sensoriamento remoto podem auxiliar no processo ensino-aprendizagem da Geografia nas escolas, pois, segundo Florenzano (2002 *apud* Menezes *et al.*, 2013) "a partir da análise e interpretação de imagens de sensores remotos, os conceitos geográficos de lugar, localização, interação homem/meio, região e movimento (dinâmica), podem ser articulados" (Menezes *et al.*, *op. cit.*).

O uso do sensoriamento remoto com fins didáticos, para despertar o interesse em professores e alunos nos Ensinos Fundamental e Médio, vêm ocorrendo principalmente na última década. No ensino da Geografia, o uso de imagens de satélite "desperta e estimula a curiosidade dos alunos, possibilitando a construção de um novo olhar geográfico e uma releitura da paisagem geográfica presenciada por eles no dia a dia" (Springer *et al.*, 2004).

Springer *et al.* (op. cit.) aplicaram o uso de metodologia com base no sensoriamento remoto em uma escola do Ensino Fundamental (atual 6ª ano) no município de Santa Maria (RS), associando aos seguintes conceitos da Geografia: Espaço Geográfico e Espaço Natural (interligando-os com as formas de relevo e possíveis ocupações pelo homem), conceitos de escala, (mostrando as diferenças entre os tipos de representação e os tipos de mapa), orientação (com a identificação dos pontos cardeais: Norte, Sul, Leste, Oeste). As atividades em sala de aula foram desenvolvidas com fotografias horizontais, fotografias aéreas e imagens de satélite, abordando a aplicação da escala para diferentes locais existentes na cidade de Santa Maria, a exemplo de praças, da universidade, dos bairros, entre outros. Foi verificado também como esses elementos estavam distribuídos e representados na superfície terrestre. No tocante ao ensino básico da Geomorfologia e suas possibilidades de utilização de produtos do sensoriamento remoto, os autores destacaram que:

> O ensino dos tipos de relevo e dos processos naturais decorrentes desse modelado, associados com o processo de ocupação humana, é enriquecido com esse novo instrumento de representação do espaço. Em função de suas características e dos processos que sobre eles atuam,

oferecem, para as populações, tipos e níveis de benefícios ou riscos dos mais variados (Springer *et al.*, 2004).

Um outro estudo sobre como as geotecnologias vêm sendo poderosas ferramentas não apenas para a resposta, mitigação e prevenção de desastres, mas também ajudando a capacitar docentes e alunos — por meio do desenvolvimento de atividades educacionais na escola com objetivo de encorajar ações de prevenção e enfrentamento a desastres naturais — é o de Sausen (2013). A pesquisadora criou no INPE o DESASTRE ZERO — Programa de Educação para a Prevenção e Redução de Desastres Naturais, visando a capacitar, levar informação, desenvolver materiais educacionais e sensibilizar docentes e a comunidade estudantil sobre o uso de informações espaciais na prevenção e redução de desastres naturais. Também desenvolveu uma metodologia para criar o Mapa de Risco em Sala de Aula, por meio da utilização do Google Earth, que pode viabilizar a localização e a simulação de áreas sujeitas a inundações, deslizamentos, alagamentos, incêndios, entre outros, além de auxiliar na geração de rotas de fuga, na identificação de melhores locais de acesso, na localização de áreas propícias a abrigos, como escolas, igrejas e outros pontos de apoio.

Outra geotecnologia muito aplicada na atualidade para auxiliar no mapeamento de áreas de risco é o Sistema de Navegação Global por Satélite (GNSS), sendo mais difundido o uso do GPS, sistema de posicionamento por satélite desenvolvido pelos norte-americanos. Como exemplo de aplicabilidade no ensino de Geografia, deve ser ressaltado que os mapeamentos de risco, utilizando a geotecnologia dos GNSS/GPS, vêm ocorrendo com maior intensidade nos Ensinos Médio e Superior. Podem ser citadas as experiências dos docentes do curso de licenciatura em Geografia a distância da Universidade do Estado do Rio de Janeiro (UERJ), pertencente ao consórcio CECIERJ/CEDERJ. Nesse curso, tutores presenciais e a distância, juntamente à coordenação da disciplina em geoprocessamento, vêm desenvolvendo trabalhos de campo e avaliações a distância com seus alunos, utilizando aparelhos de GPS e A — GPS (aplicativos de localização por satélite com uso de Mobiles) para mapear áreas de risco de deslizamentos ou inundações nas cidades de seus polos.

O geoprocessamento na delimitação e na prevenção de áreas de risco... • **193**

As atividades em trabalhos de campo são desempenhadas por meio de aplicativos instalados nos celulares e tablets dos alunos, previamente instalados com o auxílio dos tutores. Os alunos são instruídos também a realizar o *download* das bases cartográficas com antecedência, para que possam fazer as atividades práticas a qualquer momento, mesmo sem conexão com a internet. Além disso, aprendem a: realizar etapas de pesquisa e levantamento de bases cartográficas existentes com informações sobre áreas de risco (movimentos de massa e/ou inundações); consultar imagens de satélite disponíveis no Google Earth sobre a área a ser mapeada; verificar índices pluviométricos de estações meteorológicas locais; levantar mapas de solo, de uso da terra, topográficos, entre outros. Por fim, é realizado o trabalho de campo com o uso do A — GPS, coletando informações como coordenadas, altimetria e distância percorrida, além de fotografias com as câmeras dos celulares. Tais informações são associadas à descrição das características das áreas mapeadas (tipo de risco, degradação, pontos notáveis, como ruas, praças e edificações, entre outras informações). Posteriormente, é feito o *download* dos dados da "nuvem" para o *desktop* nos polos e são utilizados Sistemas de Informação Geográfica (SIG) — de preferência livres (Open GIS), a exemplo do Q-GIS — para o tratamento e processamento dos dados coletados em campo. Esses dados são confrontados com as informações coletadas previamente nas bases cartográficas, nos relatórios fornecidos pelos órgãos públicos — a exemplo das Prefeituras Municipais e da Defesa Civil — e nas imagens de satélite disponíveis, seja no Google Earth ou no sítio eletrônico do INPE.

Pode ser citado também o trabalho de Gonzalez e Costa (2018), o qual buscou analisar a percepção de risco de deslizamentos e enchentes e/ou inundações por parte dos alunos da rede estadual de Ensino Médio do município de Nova Friburgo, no Rio de Janeiro, com base na vivência relativa aos desastres desencadeados pelo evento extremo em 2011. Os referidos alunos levantaram relatos de parentes e de pessoas de sua convivência para posterior elaboração de um Mapa de Percepção de Risco de Deslizamentos e Inundações. Como resultado, os pontos de risco percebidos pelos envolvidos no estudo foram sobrepostos e correspondentes àqueles identificados por órgãos públicos municipais.

194 • Geografia e os riscos socioambientais

Destaque deve ser dado ao artigo de Sousa (2019), o qual traz "uma discussão sobre a formação inicial do professor de Geografia em relação à oferta das disciplinas de Cartografia e de Geotecnologias na Educação nos cursos de licenciatura em Geografia, em universidades públicas e institutos federais no Brasil".

Dessa maneira, as atividades práticas envolvendo várias geotecnologias e as suas possibilidades de mapeamento em áreas de risco são demonstradas aos futuros professores, que poderão disseminar seu uso aos seus alunos, não só em sala de aula, mas também em atividades de campo extraclasse.

Considerações finais

Diante de todos os exemplos de aplicabilidade do geoprocessamento para análises (multicritérios) anteriormente mencionados, percebe-se que o uso das geotecnologias é imprescindível na delimitação dos riscos ambientais em áreas legalmente protegidas. Elas representam importantes instrumentos que auxiliam na tomada de decisão à prevenção de desastres associados a movimentos de massa, em especial em áreas de encosta densamente ocupadas por população altamente vulnerável.

As áreas urbanas de cidades metropolitanas, que cada vez mais pressionam esses espaços ainda conservados e de alta biodiversidade e geodiversidade, precisam ser manejadas a fim de causar o menor risco de degradação ambiental possível, e a sociedade deve estar consciente da importância de seu papel frente à geoconservação desses ambientes fragilizados, a partir da crescente disseminação do conhecimento por meio da Educação Ambiental dentro e fora das escolas.

Cada vez mais se torna fundamental disseminar metodologias de análises espaciais que utilizem as diferentes geotecnologias, como imagens de satélite, GNSS/GPS e aplicativos de mapeamentos interativos, os quais estão amplamente presentes no dia a dia das pessoas. É importante criar meios de difundir o geoprocessamento na formação docente, proporcionando ao professor a capacidade de elaborar atividades didáticas que possibilitem aos alunos um melhor entendimento da distribuição espacial das condicionantes físicas e socioeconômicas relacionadas aos riscos ambientais.

Com isso, torna-se possível estimular — cada vez mais cedo, por meio de atividades lúdico-pedagógicas — a percepção ambiental dos alunos quanto aos elementos que compõem o seu espaço vivido, assim como em relação aos riscos e às vulnerabilidades nele presentes.

Referências bibliográficas

ALMEIDA, L. Q. *"Por uma ciência dos riscos e vulnerabilidades na Geografia." Mercator.* Fortaleza: UFC, 2011.

ARAÚJO, M. A. R. *Unidades de Conservação no Brasil: da República à gestão de classe mundial.* Belo Horizonte: SEGRAC, 2007. 272 p.

BRASIL. *Lei nº 9.985, de 18 de julho de 2000. Regulamenta o art. 225, § 1o, incisos I, II, III e VII, da Constituição Federal, institui o Sistema Nacional de Unidades de Conservação da Natureza e dá outras providências, 2000.* Disponível em: <http://www.planalto.gov.br/ccivil_03/leis/l9985.htm>. Acesso em 22 de julho de 2010.

BENSUSAN, N. *Conservação da biodiversidade em áreas protegidas.* Rio de Janeiro: Ed. da FGV, 2006. 176 p.

CARVALHO, C. S.; MACEDO, E. S.; OGURA, A. T. (orgs.). *Mapeamento de riscos em encostas e margem de rios.* Brasília, DF: Ministério das Cidades; São Paulo: Instituto de Pesquisas Tecnológicas, 2007. 176 p.

CASTRO JÚNIOR, E.; COUTINHO, B. H.; FREITAS, L. E. "Gestão da biodiversidade e áreas protegidas." In: GUERRA, A. J. T.; Coelho, M. C. N. (orgs.). *Unidades de Conservação: abordagens e características geográficas.* Rio de Janeiro: Bertrand Brasil, 2009. pp. 26-65.

CENTRO DE INFORMAÇÕES E DADOS DO ESTADO DO RIO DE JANEIRO. *Índice de Qualidade dos Municípios — Verde (IQM-Verde).* Rio de Janeiro: CIDE, 2000. 80 p.

CERRI, L. "Riscos geológicos associados a escorregamentos na Região Metropolitana de São Paulo." In: *SEMINÁRIO DOS PROBLEMAS GEOLÓGICOS E GEOTÉCNICOS NA REGIÃO METROPOLITANA DE SÃO PAULO, 1992. São Paulo.* Anais... São Paulo: ABAS/ABGE/SBG, 1992. pp. 209-225.

CHRISTOFOLETTI, A. *Geomorfologia.* 2ª ed. São Paulo: E. Blücher, 1980.

COSTA, N. M. C. "Análise do Parque Estadual da Pedra Branca por geoprocessamento: uma contribuição ao seu Plano de Manejo." Tese (Doutorado). Instituto de Geociências, Universidade Federal do Rio de Janeiro. Rio de Janeiro, 2002, 317 p.

CUNHA, S. B.; GUERRA, A. J. T. "Degradação Ambiental." In: GUERRA, A. J. T.; CUNHA, S. B (orgs). *Geomorfologia e meio ambiente*, 11ª ed. Rio de Janeiro: Bertrand Brasil, 2012, pp. 337-379.

DIEGUES, A. C. *O mito moderno da natureza intocada*. São Paulo: Editora HUCITEC, NUPAUB — USP/CEC, 6ª ed. amp., 2008, 189 p.

DIAS, V. S. B; SILVA, A. B. "AHP na modelagem da vulnerabilidade ambiental do minicorredor ecológico Serra das Onças, BA." *Revista Brasileira de Cartografia*, n. 66(6), pp. 1363-1377, 2014.

FARIA, D.; AUGUSTO FILHO, O. "Aplicação do Processo de Análise Hierárquica (AHP) no mapeamento do perigo de escorregamentos em áreas urbanas." *Revista Instituto Geológico*, v. 34, n. 1, São Paulo, 2013.

FERNANDES, N. F.; AMARAL, C. P. "Movimentos de massa: uma abordagem geológico-geomorfológica." In: GUERRA, A. J. T.; CUNHA, S. B. (orgs.). *Geomorfologia e meio ambiente*. Rio de Janeiro: Editora Bertrand Brasil, 1996, pp. 123-194.

FITZ, P. R. *Geoprocessamento sem complicação*. São Paulo: Oficina de Textos, 2008, 160 p.

FLORENZANO, T. G. *Imagens de satélite para estudos ambientais*. São Paulo: Oficina de Textos, 2002. 97 p.

_____. *Geomorfologia: Conceitos e tecnologias atuais*. São Paulo: Oficina de Textos, 2008.

FRANCISCO, C. N. "O uso de Sistemas Geográficos de Informação (SIG) na elaboração de planos diretores de Unidades de Conservação: uma aplicação no Parque Nacional da Tijuca, RJ." Dissertação (Mestrado). Escola Politécnica, Universidade de São Paulo. São Paulo, 1995, 226 p.

GONÇALVES, C. D. "Desastres naturais. Algumas considerações: vulnerabilidade, risco e resiliência." *Revista Territorium*, n. 19, 2012, pp. 5-14. Disponível em: <http://www.uc.pt/fluc/nicif/riscos/Territorium/numeros_publicados>. Acesso em 25 de abril de 2019.

GONZALEZ, D.; COSTA, A. "Análise da percepção de risco a partir dos alunos do Ensino Médio na vivência de Nova Friburgo, RJ". In: *XII SINAGEO Paisagem e Diversidade — a valorização do patrimônio geomorfológico brasileiro*. Anais... Crato (CE), 24 a 30 de maio de 2018. Disponível em: <http://www.sinageo.org.br/2018/trabalhos/4/4-52-1568. html>. Acesso em 3 de junho de 2019.

GUERRA, A. J. T. *Novo dicionário geológico-geomorfológico*. 5ª ed. Rio de Janeiro: Bertrand Brasil, 2006, 648 p.

GUERRA, A. J. T. "Processos erosivos nas encostas." *In*: GUERRA, A. J. T; CUNHA, S. B. (orgs.). *Geomorfologia. Uma atualização de bases e conceitos*. 10ª ed. Rio de Janeiro: Bertrand Brasil, 2011, pp. 149-209.

GUERRA, A. J. T.; MARÇAL, M. S. Geomorfologia Ambiental. Rio de Janeiro: Bertrand Brasil, 2014.

IBAMA. *Roteiro metodológico de planejamento voltado para parques nacionais, reservas biológicas e estações ecológicas*. Brasília, 2002. 136 p.

IBGE. *Censo Demográfico 2010: Resultados do universo por setor censitário*. Rio de Janeiro: IBGE, 2011, 125 p.

INSTITUTO ESTADUAL DO AMBIENTE — RJ. *Roteiro metodológico para elaboração de planos de manejo parques estaduais, reservas biológicas, estações ecológicas*. Disponível em: <http://www.inea.rj.gov.br/ publicacoes/publicacoes-inea/livros/.>. Acesso em 22 de maio de 2019.

IRVING, M.; GIULIANI, G. M.; LOUREIRO, C. F. B. (orgs.). *Parques estaduais do Rio de Janeiro: construindo novas práticas para a gestão*. São Carlos: RiMa, 2008, 147 p.

MARCELINO, E. V. Desastres naturais e geotecnologias: conceitos básicos. Santa Maria: INPE/CRS, 2007. 20 p. (Caderno Didático, n. 1).

MEIRELLES, E. O. "Mapeamento da suscetibilidade a movimentos de massa através de análise estatística de ferramentas de geoprocessamento na bacia do rio Paquequer, Teresópolis, RJ." Dissertação (Mestrado). UERJ, 2015.

MEIRELLES, E. O.; DOURADO, F.; COSTA, V. C. "Análise multicritério para mapeamento da suscetibilidade a movimentos de massa na bacia do rio Paquequer, RJ." *Revista Geo UERJ*. Rio de Janeiro, n. 33, 2018, pp. 1-22. Disponível em: <https://www.e-publicacoes.uerj.br/index. php/geouerj/article/view/26037/26776. Acesso em 29 de maio de 2019.

MEIS, M. R. M.; XAVIER-DA-SILVA, J. "Considerações geomorfológicas a propósito dos movimentos de massa ocorridos no Rio de Janeiro." *Revista Brasileira de Geografia*, v. 30, n. 1, pp. 55-73, 1968.

MENEZES, A. F.; SANTOS, B. O.; GALVÍNCIO, J. D.; SÍLVIO, J. J. A. "Utilização do sensoriamento remoto no ensino da Geografia para o Ensino Médio como recurso didático." *Revista Geo UERJ*, v. 2, n. 24, 2013. Disponível em: <https://www.e-publicacoes.uerj.br/index.php/ geouerj/article/view/5704>. Acesso em 1º de julho de 2019.

MILANO, M. S. "Unidades de Conservação: técnica, lei e ética para a conservação da biodiversidade." *In*: BENJAMIN, A. H. *Direito ambiental das áreas protegidas: o regime jurídico das Unidades de Conservação.* Rio de Janeiro: Forense Universitária, 2001, pp. 3-41.

MOURA, A. C. M. "Reflexões Metodológicas como subsídio para estudos ambientais baseados em análise de multicritério." In: Simpósio Brasileiro de Sensoriamento Remoto, 13, 2007, Florianópolis. Anais... Florianópolis: INPE, pp. 2.899-2.906. Disponível em: <http://www.cgp. igc.ufmg.br/#> Acesso em 19 de agosto de 2011.

MOURA, J. R. S.; COSTA, V. C. "Parque Estadual da Pedra Branca: o desafio da gestão de uma Unidade de Conservação em área urbana." In: GUERRA, A. J. T.; COELHO, M. C. N. (orgs.). *Unidades de Conservação: abordagens e características geográficas.* Rio de Janeiro: Bertrand Brasil, 2009, pp. 231-265.

NASCIMENTO, J. A. S. "Vulnerabilidade a eventos climáticos extremos na Amazônia Ocidental: uma visão integrada na bacia do rio Acre." Tese (doutorado). COPPE, Universidade Federal do Rio de Janeiro. Rio de Janeiro, 2011, 285 p.

NEVES, S. R. A. Análise prognóstica de processos erosivos na bacia hidrográfica do rio Mateus Nunes (Paraty, RJ). Dissertação (Mestrado). Instituto de Geociências, Universidade Federal do Rio de Janeiro. Rio de Janeiro, 2015, 130 p.

OLIVEIRA, C. A.; SANTOS, C. J. F "Florestas urbanas: normas de uso e ocupação do solo para proteção de Unidade de Conservação nas cidades." *Revista de Administração Pública*, v. 44, n. 5, set./out. 2010, Rio de Janeiro. Disponível em: <http://dx.doi.org/10.1590/S0034-76122010000500005> Acesso em 16 de outubro de 2011.

RIBEIRO, M. F. "Análise ambiental aplicada à definição da zona de amortecimento no Parque Estadual da Pedra Branca (Município do Rio de Janeiro), com base em geoprocessamento." Tese (Doutorado). COPPE, Universidade Federal do Rio de Janeiro. Rio de Janeiro, 2013, 407 p.

ROCHA, C. H. B. R. *Geoprocessamento: tecnologia transdisciplinar.* Juiz de Fora: Ed. do Autor, 2000. 220 p.

SAATY, T. L. *The Analystic Hierarchy Process.* New York: McGraw Hill, 1990.

SANTOS, R. F. S.; CALDEYRO, V. S. "Paisagens, condicionantes e mudanças." *In:* SANTOS, R. F. S. (org.). *Vulnerabilidade ambiental. Desastres naturais ou fenômenos induzidos?* Brasília: Ministério do Meio Ambiente, 2007.

SAUSEN, T. M. Desastre Zero — Mapa de risco em sala de aula com o auxílio do Google Earth. *Anais XVI Simpósio Brasileiro de Sensoriamento Remoto — SBSR*, 13 a 18 de abr. 2013. Foz do Iguaçu, PR. Disponível em: <http://marte2.sid.inpe.br/rep/dpi.inpe.br/marte2/2013/05.28.22.47.51>. Acesso em 20 de junho de 2019.

SILVA, C. A.; NUNES, F. P. "Mapeamento de vulnerabilidade ambiental utilizando o método AHP: uma análise integrada para suporte à decisão no município de Pacoti — CE." *XIV Simpósio Brasileiro de Sensoriamento Remoto.* Natal, 2009.

SOUSA, I. B. "A formação inicial do professor de Geografia: uma discussão sobre as disciplinas de Geotecnologias na educação." *Ar@cne — Revista Electrónica de Recursos en Internet sobre Geografía y Ciencias Sociales*, n. 232, jun. de 2019, pp. 1-15. Disponível em: <http://www.ub.edu/geocrit/aracne/aracne-232.pdf>. Acesso em 30 de junho de 2019.

SOUZA, K. R. G. "Análise de risco ambiental na Serra do Mar — o caso do Parque Estadual do Cunhambebe e seu entorno, RJ." Tese (Doutorado). Universidade do Estado do Rio de Janeiro, PPGEO, Rio de Janeiro, 2017.

SOUZA, N. P.; SILVA, E. M. G. C.; TEIXEIRA, M. D.; LEITE, L. R.; REIS, A. A.; SOUZA, L. N.; JUNIOR, F. W. A.; RESENDE, T. A. "Aplicação do estimador de densidade kernel em Unidades de Conservação na bacia do rio São Francisco para análise de focos de desmatamento e focos de calor." *XVI Simpósio Brasileiro de Sensoriamento Remoto*. Foz do Iguaçu, 2013.

SPRINGER, K. S.; SOARES, E. G.; RAKSSA, M. L. "A utilização de produtos do sensoriamento remoto no ensino da Geografia: um relato de experiência. Santa Maria — RS." *4ª Jornada de educação em Sensoriamento Remoto no âmbito do Mercosul* — 11 a 13 de agosto de 2004. São Leopoldo, RS. Disponível em: <http://www.educadores.diaadia.pr.gov.br/arquivos/File/2010/artigos_teses/GEOGRAFIA/Artigos/artigo_relato_sm.pdf>. Acesso em 20 de junho de 2019.

TOMINAGA, L. K. "Desastres naturais: por que ocorrem?" TOMINAGA, L. K.; SANTORO, J.; AMARAL, R. (orgs). *Desastres Naturais. Conhecer para prevenir. Instituto Geológico. Secretaria de Meio Ambiente*. São Paulo: Governo do Estado de São Paulo, 1ª ed., 2011a, pp. 12-23.

TOMINAGA, L. K. "Escorregamentos." TOMINAGA, L. K.; SANTORO, J.; AMARAL, R. (orgs). *Desastres Naturais. Conhecer para prevenir. Instituto Geológico. Secretaria de meio ambiente*. São Paulo: Governo do Estado de São Paulo, 1ª ed., 2ª reimpressão, Cap. 2, pp. 26-38, 2011b.

TORRES, H. G. "A demografia do risco ambiental." *In*: TORRES, H. G.; COSTA, H. (orgs.). *População e meio ambiente: debates e desafios*. São Paulo: Senac, 2000. pp. 53-73.

VASQUES, P. H. R. *Relatório do NIMA — Núcleo Interdisciplinar do Meio Ambiente. Rio de Janeiro, 2008*. Disponível em: <http://www.nima.puc-rio.br/index.php> Acesso em 18 de setembro de 2011.

VEIGA, T. C. "Comunicação oral. Disciplina 'Planejamento Urbano', Curso de Especialização em Geoprocessamento — CEGEOP". Rio de Janeiro: UFRJ/IGEO/PPGG, 1999.

VEYRET, Y.; RICHEMOND, N. M. "Definições e vulnerabilidades do risco." *In*: Veyret, Y. (org.). *Os riscos: o homem como agressor e vítima do meio ambiente*. 2ª ed. São Paulo: Contexto, 2015, pp. 25-46.

VITALLI, P. L.; ZAKIA, M. J. B.; DURIGAN, G. "Considerações sobre a legislação correlata à zona-tampão de Unidades de Conservação no Brasil." *Ambiente & Sociedade*, v. 12, n. 1. Campinas, 2009, pp. 67-82.

XAVIER-DA-SILVA, J. *Análise ambiental. Rio de Janeiro*: UFRJ, 1987, 196 p.

_____. *Geoprocessamento para análise ambiental*. Rio de Janeiro: Ed. do Autor, 2001. 228 p.

XAVIER-DA-SILVA, J.; CARVALHO FILHO, L. M. "Sistema de Informação Geográfica: uma proposta metodológica." *In*: TAUK-TORNISIELO, S. M. *et al. Análise ambiental: estratégias e ações*. São Paulo: Fundação Salim Farah Maluf, 1995. 381 p.

XAVIER-DA-SILVA, J. *et al. Curso de Especialização em Geoprocessamento: Unidades Didáticas*. Rio de Janeiro: LAGEOP, 1999. Unidade 95, v. 4.

Sobre os autores

ALINE MUNIZ RODRIGUES
Doutoranda e mestre em Geografia pela Universidade Federal do Rio de Janeiro (UFRJ), possui Bacharelado em Geografia pela Universidade do Estado do Rio de Janeiro (UERJ) e Licenciatura Plena em Geografia na mesma instituição pela Faculdade de Formação de Professores (FFP/UERJ). É pesquisadora associada do Laboratório de Geomorfologia Ambiental e Degradação dos Solos (LAGESOLOS).

ANA CAMILA DA SILVA
Doutora e mestre em Geografia pela UFRJ. Licenciada (2015) e bacharel (2010) em Geografia pela Universidade Federal de Juiz de Fora (UFJF). Professora de Geografia e pesquisadora associada do Laboratório Interdisciplinar de Estudos Geoambientais (LIEG-UFRJ). Áreas de atuação: Geomorfologia, Hidrologia, Pedologia e Modelagem Hidrossedimentológica.

ANTÔNIO JOSÉ TEIXEIRA GUERRA
Professor titular do Departamento de Geografia da UFRJ. Pesquisador 1A do CNPq. Coordenador do LAGESOLOS.

CAMILA DE ASSIS MAGALHÃES FREZ
Mestre e bacharel em Meteorologia pela UFRJ. Meteorologista da Secretaria Municipal de Defesa Civil de Nova Iguaçu.

CRISTIANE CARDOSO
Licenciada, bacharel e mestre pela em Geografia pela Universidade Federal de Santa Catarina (UFSC). Doutora em Geografia pela Universidade Federal Fluminense (UFF). Pós-doutoranda em Geografia pela UFRJ. Atua no curso de graduação em Geografia e no Programa de Pós-Graduação em Geografia (PPGG) da Universidade Federal Rural do Rio de Janeiro (UFRRJ). Tem experiência no Ensino Fundamental, Médio e Superior, atuando principalmente nos seguintes temas: análise ambiental, climatologia e metodologias de ensino em Geografia. Participa do Grupo de Estudos e Pesquisas em Ensino de Geografia e Grupo de Estudos e Pesquisas em Educação Ambiental, Diversidade e Sustentabilidade — GEPEADS/UFRRJ. Coordenou o projeto do Programa Institucional de Bolsa de Iniciação à Docência (Pibid) na área de Geografia do IM/UFRRJ até 2017. É pesquisadora associada do LAGESOLOS.

EDILEUZA DIAS DE QUEIROZ
Bacharel e licenciada em Geografia pela UFRJ, mestre em Educação pela UFRRJ e doutora em Geografia pela UFF. Professora e coordenadora do curso de Geografia do IM-UFRRJ. Pesquisa assuntos relacionados à Educação Ambiental, à universidade e à formação de educadores, bem como ao ensino de Geografia, às Unidades de conservação e à Baixada Fluminense (RJ). É membro do GEPEADS/UFRRJ.

JORGE DA PAIXÃO MARQUES FILHO
Bacharel e mestrando em Geografia pela UERJ. É pesquisador associado do Laboratório de Geoprocessamento — LAGEPRO/UERJ. Áreas de atuação: Geomorfologia, Geomorfometria, Geoprocessamento, Modelagem Ambiental, Sensoriamento Remoto e Uso e Cobertura da Terra.

JUNIMAR JOSÉ AMÉRICO DE OLIVEIRA

Licenciado em Geografia pela Universidade Federal de Viçosa (UFV), mestre em Geografia pela UFRRJ e doutorando em Geografia pela UERJ. Foi bolsista do Pibid da Coordenação de Aperfeiçoamento de Pessoal de Nível Superior (Capes) no período de março de 2014 a fevereiro de 2015 e do Programa Institucional de Bolsas de Cultura e Arte Universitária (PROCULTURA). Atuou como professor de Geografia na rede privada de Minas Gerais nos segmentos: Ensino Fundamental II, Ensino Médio, Pré-Coluni, Pré-Pism, Pré-Vestibular e Enem e em cursos preparatórios para concursos. Atua principalmente nos seguintes temas: Ensino de Geografia, Metodologias de Ensino de Geografia, Educação Ambiental, Geografia dos Riscos, Formação de Professores e Geoconservação.

LEONARDO DOS SANTOS PEREIRA

Professor substituto da UFRRJ, bacharelado em Geografia pela UERJ, licenciatura plena em Geografia pela Faculdade de Formação de Professores (FFP) na UERJ, mestre e doutor em Geografia pela UFRJ. É pesquisador associado do LAGESOLOS.

LUANA DE ALMEIDA RANGEL

Bacharel, licenciada, mestre e doutora em Geografia pela UFRJ. Especialista em Análise Ambiental e Gestão do Território na Escola Nacional de Ciências e Estatística do IBGE. Professora de Geografia da Secretaria Municipal de Educação do Rio de Janeiro (SME-RJ) e pesquisadora associada do LAGE-SOLOS/UFRJ. Áreas de atuação: Geomorfologia, Geoturismo, Degradação e Conservação dos Solos, Ecoturismo e Conservação.

LUCAS DA SILVA QUINTANILHA

Licenciatura plena em Geografia pela UFRRJ — Instituto Multidisciplinar. Mestrando do PPGG pela UFRRJ. Áreas de atuação: Unidades de Conservação, Uso Público, Ensino de Geografia Física e Recursos Naturais.

MARIA DO CARMO OLIVEIRA JORGE
Doutora em Geografia pelo PPGG/UFRJ, pesquisadora associada do LAGE-SOLOS e bolsista do Pós-Doutorado Nota 10 (PDR 10) pela FAPERJ.

MARIANA OLIVEIRA DA COSTA
Mestranda pelo PPGG-UFRRJ. Licenciatura plena em Geografia pela UFRRJ. Áreas de atuação: Risco e Vulnerabilidade; Desastres Naturais Associados a Movimentos de Massa e Inundações; Ensino de Pedologia.

MARTA FOEPPEL RIBEIRO
Professora adjunta do Departamento de Geografia Física, no Instituto de Geografia da UERJ. Bacharel e licenciada em Geografia pela UFRJ. Mestre em Geografia pelo PPGG/UFRJ e doutora em Planejamento Ambiental pela COPPE/UFRJ. Integra o corpo docente do PPGG-UERJ. Tutora do Grupo PET-Geografia/UERJ (Programa de Educação Tutorial/MEC).

MICHELE SOUZA DA SILVA
Licenciada e bacharel em Geografia pela UFRRJ. Mestre em Geografia pela UERJ. Especialista em Educação Básica (Colégio Pedro II). Doutoranda em Geografia pela UERJ. Foi Professora substituta no Instituto Multidisciplinar em Geografia da UFRRJ, foi bolsista da FAPERJ e professora substituta de Geografia no Instituto de Aplicação Fernando Rodrigues da Silveira (CAp-UERJ). Desenvolve pesquisas com ênfase em Climatologia Urbana, Impactos Socioambientais e no Ensino de Geografia com foco em Geografia Física.

SAMUEL VÍTOR OLIVEIRA DOS SANTOS
Bacharel em Geografia pela Universidade Federal de Alagoas (UFAL) e licenciado em Geografia pela UFF. Mestre e doutor pelo PPGG/UFRJ. Faz parte do Grupo de Estudo de Solos Tropicais (GESOLT), atuando em pesquisas relacionadas à Erosão de Solos em Áreas Urbanas, Pedologia e Micromorfologia de Solos.

Vilson Santos do Nascimento Júnior

Tenente-Coronel Bombeiro Militar Graduado na Academia de Bombeiros Militar Dom Padro II (ABMDP II). Pós-graduado em Gerenciamento Operacional nas Organizações pela Escola Superior de Comando de Bombeiro Militar (ESCBM). Superintendente de Proteção Comunitária da Secretaria Municipal de Defesa Civil de Nova Iguaçu.

Vivian Castilho da Costa

Professora adjunta do Departamento de Geografia da UERJ. Bacharel em Geografia pela UERJ e licenciada em Geografia na mesma instituição. Mestre e doutora em Geografia pela UFRJ. É coordenadora do LAGEPRO, Unidade de Desenvolvimento Tecnológico (UDT) e coordenadora da disciplina de Geoprocessamento do curso de licenciatura em Geografia (CECIERJ/CEDERJ) do IGEOG/UERJ.

Impresso no Brasil pelo
Sistema Cameron da Divisão Gráfica da
DISTRIBUIDORA RECORD DE SERVIÇOS DE IMPRENSA S.A.
Rua Argentina, 171 – Rio de Janeiro, RJ – 20921-380 – Tel.: (21)2585-2000